白洋淀高等植物彩色图鉴

贺学礼 等 编著

科学出版社

北 京

内 容 简 介

本图鉴是白洋淀植物资源的最新研究成果总结，也是第一部全面介绍白洋淀水域和沿岸高等植物资源和生态分布的著作，包括蕨类植物、裸子植物和被子植物三大门类 85 科 233 属 289 种 3 亚种 14 变种 2 变型（其中包括部分常见栽培种类）。同时，以约 600 幅彩色照片展示了主要高等植物类群。

本图鉴是研究白洋淀植物物种多样性和资源利用情况的重要文献，可供植物、生态、农林、环保、旅游等专业的师生及相关人员在教学、科研、生产和自然保护等方面参考。

图书在版编目(CIP)数据

白洋淀高等植物彩色图鉴/贺学礼等编著. —北京：科学出版社，2018.11

ISBN 978-7-03-059182-1

Ⅰ.①白… Ⅱ.①贺… Ⅲ.①白洋淀-高等植物-图集 Ⅳ.①Q949.4-64

中国版本图书馆CIP数据核字（2018）第241297号

责任编辑：刘 丹 赵晓静/责任校对：严 娜

责任印制：师艳茹/封面设计：铭轩堂

科学出版社 出版

北京东黄城根北街16号

邮政编码：100717

http://www.sciencep.com

北京汇瑞嘉合文化发展有限公司印刷

科学出版社发行 各地新华书店经销

*

2018年11月第 一 版 开本：787×1092 1/16

2018年11月第一次印刷 印张：16

字数：300 000

定价：168.00元

《白洋淀高等植物彩色图鉴》
编著者名单

贺学礼　唐宏亮　赵金莉　刘桂霞　张凤娟

前言

白洋淀地处华北平原东部，为华北平原最大的湖泊湿地，不仅是我国重要的淡水水产品生产基地，还承担着蓄水、防洪、调节气候、补充地下水、维护生物多样性和生态系统平衡等多种生态功能。但近年来随着工农业污染、人口剧增、全球变暖等问题的出现，白洋淀地区的生态环境不断恶化，水位及水环境质量不断下降，导致物种丧失、生物多样性下降等，严重影响了当地居民的生产与生活，并给当地生态系统平衡和区域可持续发展带来了很大的威胁，因此如何更好地保护白洋淀湿地资源，实现白洋淀地区的可持续发展成为人们关注的热点问题。

高等植物在湿地生态系统生物多样性的维持和生态修复中起着重要作用。迄今为止，有关白洋淀的研究主要集中在生态系统服务功能与价值评估、水环境现状及水文特性、土壤理化性质及其功能、藻类植物和水生植被组成及生态功能等诸多方面，这些研究对于认识白洋淀湿地生态系统的现状和演变过程，促进白洋淀湿地生态系统的保护具有重要意义，但是有关白洋淀高等植物资源具体状况及其在生态环境中所起的作用却知之甚少。

随着雄安新区的建设、京津冀经济的协同发展和“南水北调工程”的实施，白洋淀无论在湿地面积、基质特性，还是在水文特征、生物种类等方面都发生了巨大变化，探明白洋淀高等植物资源对研究白洋淀湿地生态系统的可持续发展和生态环境保护具有重要意义。

2015～2017年，我们组织河北大学植物学专业教师，采用踏查、现场观察和摄像、拍照及采集标本等方法，首次在雄安新区、保定市高阳县和任丘市等境内，对隶属于白洋淀湿地范围的农田、河流、水域及沿岸沟壕、路边、林下等不同生境进行全面调查和标本采集，并依据《中国植物志》和《河北植物志》对白洋淀湿地高等植物资源进行整理和分析，以便为白洋淀湿地植物资源保护和利用提供依据。

本图鉴突出科学性、系统性和实用性，图文并茂，收录了白洋淀地区高等植物85科289种3亚种14变种2变型，其中蕨类植物2种1亚种，裸子植物4种，被子植物283种2亚种14变种2变型，彩色照片约600幅，基本涵盖了白洋淀水域和沿岸常见的高等植物种类。本图鉴共分4章，第一章由贺学礼编写；第二章至第四章由贺学礼、唐宏亮、赵金莉、刘桂霞和张凤娟共同编写；最后由贺学礼统稿。相信本图鉴的出版对于白洋淀植物资源的开发利用和生态环境的建设将具有重要的促进作用。

本图鉴在编著过程中，得到“河北大学生物学强势特色学科”经费的支持；在野外考察和标本采集过程中得到白洋淀景区管理部门和任丘市京南梦有限公司赵清涛等的大力协助，在此表示感谢。

虽然我们已经做了很大的努力，但由于对白洋淀不同地区、不同类群植物的研究还不够全面深入，书中难免存在不足之处，敬请各位专家、同仁和广大读者批评指正。

贺学礼

2018 年 6 月

目　录

第一章

白洋淀自然地理概况及植物资源

第一节　白洋淀自然地理概况

白洋淀位于河北省中部，地处北纬 38°43′～北纬 39°02′，东经 115°38′～东经 116°07′，南距石家庄约 189km，北距北京约 162km，东距天津约 155km，是华北平原上最大的淡水湿地。白洋淀东西长约 39.5km，南北宽约 28.5km，总面积约 366km^2（水面大沽高程 10.5m），行政区隶属雄安新区、保定市高阳县和任丘市管辖，占安新县总面积的 85%，主要由白洋淀等 143 个大小不等的淀泊和 3700 多条沟壕组成。由于所处地理位置独特，白洋淀在涵养水源、缓洪滞沥、调节区域间小气候、维护生物多样性等方面起着重要作用，被誉为“华北之肾”。

一、地形地貌

白洋淀位于太行山东麓永定河冲积扇与滹沱河冲积扇相夹持的低洼地区，为冲积平原洼地，地形地貌是由海而湖、由湖而陆反复演变形成的。西北向东南略有倾斜，地势平坦，西半部最高海拔 10m，东半部最低海拔 5.5m。地势较高的土壤发育为褐土，地势较低的为潮土。土壤类型复杂多样，由 4 个土类、8 个亚类、21 个土属、128 个土种和 1 个复区组成，淀区以沼泽土为主，土质肥沃。

二、气候环境

白洋淀属暖温带半湿润大陆性季风气候，四季分明，春季干燥多风，夏季炎热多雨，秋季天高气爽，冬季寒冷少雪。年平均气温 12.1℃，日照 2638.3h，无霜期 203d，平均降水量 5522.7mm，主要集中于 7～9 月。春季（3～5 月）冷空气活动频繁，倒春寒现象时有发生，干燥多风，降水稀少。夏季（6～8 月）天气炎热、潮湿，降水多而集中，有时也严重干旱。秋季（9～11 月）降水量显著减少，形成风轻云淡、秋高气爽的气候特点。冬季（12 月至次年 2 月）寒冷干燥，降雪稀少，年极端最低气温多在 1 月。

三、水系

现在的白洋淀水区是古白洋淀仅存的一部分。上游九河包括潴龙河、孝义河、唐河、府河、漕河、萍河、杨村河、瀑河及白沟引河，下通津门水乡泽国，史称西淀。到明弘治（公元 1488 年）之前已淤为平地，地可耕而食，形成九河入淀之势。之后人们看到淀水“汪洋浩淼，势连天际”，故改称白洋淀。**潴龙河：**古代又称蟾河、杨村河、高阳河，其源流主要为沙河，并有滋河、郜河、孟良河汇入安新白洋淀。**唐河：**因流经唐县而得名，其源头为山西省浑源县南翠屏山，唐河为季节河，即春、冬两季无水，夏、秋两季有水，该河流入安新境内被称为老河，在与府河汇合处，安新的一个重要村镇被命名为“老河头”，为防止上游污水流入白洋淀，1975 年在唐河新道入淀处，修建了一座唐河大桥，桥的南北两端均有百米闸桥，将污水、淀水隔开。**府河：**源头是保定西部的一亩泉。公元 1368 年建立保定府后，因该河在保定府城南门外而被称为府河，经清苑、安新膳马庙村向东流入淀。**漕河：**源于徐水县釜山曹河泽，在安新东马村南入淀。**瀑河：**发源于易县狼牙山犄角岭，分为南瀑河和北瀑河。北瀑河流经容城河北庄村入萍河，到安新三台入淀。南瀑河是泄水支河，经徐水入安新境内，从寨里村南入淀。**白沟引河：**因流经白沟镇而得名，现今的白沟引河为 1970 年开挖的人工河，经容城县流通入白洋淀。**孝义河：**又称段家庄乾河和大西章河，为唐河口之间平原排沥河道，源于安国黄台村，经安国、蠡县、高阳、安新同口村流入马棚淀。**萍河：**古称萍泉河、平水，源于定兴县平幸村，流经徐水，入容城，至黑龙口萍河桥入安新境，在三台以南入淀。近年来入淀径流很少，使得白洋淀水位降低。为了保护白洋淀湿地，国家启动了“引黄入冀补淀工程”，输水线路自河南境内黄河渠村闸引水，利用濮阳市濮清南干渠输水，穿卫河进入河北省。在河北省境内，经东风渠、老漳河、滏东排河至献县枢纽，穿滹沱河北大堤后，利用紫塔干渠、古洋河、小白河和任文干渠输水至白洋淀。

第二节　植被及植物资源

自然地理的环境条件与历史植被发展演变、物种变异进化的共同作用，形成了白洋淀植物区系在整体上属泛北极植物区，并以温带、世界广布和泛热带成分为主。白洋淀具有非常典型的湿地特征，水生植物资源十分丰富，如芦苇 [*Phragmites australis*（Cav.）Trin. ex Steud.]、莲（*Nelumbo nucifera* Gaertn.）、睡莲（*Nymphaea tetragona* Georgi）、宽叶香蒲（*Typha latifolia* L.）、狭叶香蒲（*Typha angustifolia* L.）、菖蒲（*Acorus calamus* L.）等。同时，分布有国家二级保护植物野大豆（*Glycine soja* Sieb. et Zucc.），主要生长在白洋淀内水道两侧台地和淀泊周边区域。河北省重点保护野生植物有睡莲、芡实（*Euryale ferox* Salisb. ex Konig et Sims）、黄芪 [*Astragalus membranaceus*（Fisch.）Bge.]、狸藻（*Utricularia vulgaris* L.）、黑三棱 [*Sparganium stoloniferum*（Graebn.）Buch.-Ham.ex JUZ.]、眼子菜（*Potamogeton distinctus* A. Benn.）、宽叶香蒲、浮叶眼子菜（*Potamogeton natans* L.）等。

一、白洋淀植物资源研究概况

关于白洋淀湿地植物资源的工作主要集中在浮游植物和部分水生植物的观察和记录上。1987年陈耀东记录了白洋淀66种水生植物，1995年田玉梅等报道了48种水生植物，1995年刘淑芳等记录了162种浮游植物，1995～1997年，张义科等鉴定了451种浮游植物，2007年秋李峰等报道了39种水生植物。到目前为止，通过对白洋淀水域和沿岸植物资源的考察和标本采集，本图鉴共记录高等植物85科289种3亚种14变种2变型，主要包括自然生长的植物种类和部分栽培种类。另外，由于少数种类未采集到标本或没有清晰的植物自然生长照片，没有收录到本图鉴中，有待今后进一步补充完善。

在考察过程中发现，随着社会经济的迅速发展，人类活动的不断增加，白洋淀水生植被发生了显著变化，原先的优势群落如马来眼子菜群落、荇菜群落、茨藻群落、轮叶黑藻群落、光叶眼子菜群落等已大面积消失，现在分布面积较广的优势群落有芦苇群落、狭叶香蒲群落、金鱼藻群落、莲群落、水鳖群落、龙须眼子菜群落、紫萍和槐叶萍群落等。相信雄安新区的建设和“南水北调工程”的实施，能够极大地推动白洋淀植物资源保护和生态环境建设工作。

二、白洋淀高等植物科属种统计

通过调查，现将白洋淀高等植物科属种统计情况列于表1-1～表1-4。

表1-1 白洋淀蕨类植物科、属、种统计

科	属数	种数	亚种数	变种数	变型数
木贼科 Equisetaceae	1	1			
槐叶苹科 Salviniaceae	1	1			
满江红科 Azollaceae	1		1		
合计	3	2	1		

表1-2 白洋淀裸子植物科、属、种统计

科	属数	种数	亚种数	变种数	变型数
银杏科 Ginkgoaceae	1	1			
松科 Pinaceae	2	2			
柏科 Cupressaceae	1	1			
合计	4	4			

表1-3 白洋淀被子植物科、属、种统计

科	属数	种数	亚种	变种	变型
杨柳科 Salicaceae	2	4			
胡桃科 Juglandaceae	1	1			
榆科 Ulmaceae	1	1			
桑科 Moraceae	4	4			
蓼科 Polygonaceae	2	5		1	
藜科 Chenopodiaceae	5	7	1	1	

续表

科	属数	种数	亚种	变种	变型
苋科 Amaranthaceae	2	6			
商陆科 Phytolaccaceae	1	1			
马齿苋科 Portulacaceae	1	1			
石竹科 Caryophyllaceae	4	4			
睡莲科 Nymphaeaceae	3	4		1	
莲科 Nelumbonaceae	1	1			
金鱼藻科 Ceratophyllaceae	1	1			
毛茛科 Ranunculaceae	2	3			
芍药科 Paeoniaceae	1	2			
木兰科 Magnoliaceae	1	1			
罂粟科 Papaveraceae	2	2			
十字花科 Cruciferae	10	10		1	
景天科 Crassulaceae	2	2			
虎耳草科 Saxifragaceae	1	1			
蔷薇科 Rosaceae	11	13		2	1
豆科 Leguminosae	14	17			1
牻牛儿苗科 Geraniaceae	1	1			
蒺藜科 Zygophyllaceae	1	1			
苦木科 Simaroubaceae	1	1			
大戟科 Euphorbiaceae	3	3			
漆树科 Anacardiaceae	1			1	
槭树科 Aceraceae	1	1			
无患子科 Sapindaceae	1	1			
凤仙花科 Balsaminaceae	1	1			
卫矛科 Celastraceae	1	1			
鼠李科 Rhamnaceae	1	1		1	
葡萄科 Vitaceae	2	2			
锦葵科 Malvaceae	3	5			
柽柳科 Tamaricaceae	1	1			
堇菜科 Violaceae	1	2			
千屈菜科 Lythraceae	2	2			
石榴科 Punicaceae	1	1			
菱科 Hydroearyaceae	1	1			
小二仙草科 Haloragidaceae	1	1			
山茱萸科 Cornaceae	1	1			
伞形科 Umbelliferae	5	4		1	
白花丹科 Plumbaginaceae	1	1			
柿树科 Ebenaceae	1	1			
木樨科 Oleaceae	2	2		1	
龙胆科 Gentianaceae	2	2			
夹竹桃科 Apocynaceae	1	1			

续表

科	属数	种数	亚种	变种	变型
萝藦科 Asclepiadaceae	2	3			
旋花科 Convolvulaceae	6	7			
紫草科 Boraginaceae	3	3			
马鞭草科 Verbenaceae	2	1		1	
唇形科 Labiatae	6	7			
茄科 Solanaceae	6	7			
玄参科 Scrophulariaceae	3	3			
紫葳科 Bignoniaceae	2	2			
胡麻科 Pedaliaceae	1	1			
狸藻科 Lentibulariaceae	1	1			
车前科 Plantaginaceae	1	2			
茜草科 Rubiaceae	1	1			
忍冬科 Caprifoliaceae	2	3			
葫芦科 Cucurbitaceae	8	10			
菊科 Compositae	22	40			
香蒲科 Typhaceae	2	2			
泽泻科 Alismataceae	1			1	
花蔺科 Butomaceae	1	1			
眼子菜科 Potamogetonaceae	1	3			
茨藻科 Najadaceae	1	1			
水鳖科 Hydrocharitaceae	2	2			
禾本科 Gramineae	25	26		1	
莎草科 Cyperaceae	5	11	1		
天南星科 Araceae	1	1			
浮萍科 Lemnaceae	2	2			
鸭跖草科 Commelinaceae	1	1			
雨久花科 Pontederriaceae	2	2			
竹芋科 Marantaceae	1	1			
灯心草科 Juncaceae	1	1			
百合科 Liliaceae	2	5			
鸢尾科 Iridaceae	1	3		1	
美人蕉科 Cannaceae	1	1			
合计	226	283	2	14	2

表 1-4　白洋淀高等植物科、属、种统计

门	科数	属数	种数	亚种	变种	变型
蕨类植物门 Pteridophyta	3	3	2	1		
裸子植物门 Gymnospermae	3	4	4			
被子植物门 Angiospermae	79	226	283	2	14	2
合计	85	233	289	3	14	2

第二章

蕨类植物门 Pteridophyta

蕨类植物（pteridophyte）又称羊齿植物（fern），是孢子植物中进化水平最高的类群。由于蕨类植物孢子体内出现了维管组织分化，具有了真正的根、茎和叶，因此，它们与种子植物统称为维管植物（vascular plant）。蕨类植物孢子体与配子体各自独立生活，不产生种子的特征又有别于种子植物。全世界蕨类植物约有 12 000 种，寒带、温带、热带都有分布，但以热带、亚热带为多；多生于林下、山野、溪旁、沼泽等较为阴湿的环境中。我国有蕨类植物 63 科 221 属 2270 种，白洋淀有蕨类植物 3 科 3 属 2 种 1 亚种。

蕨类植物与人类的关系非常密切，具有重要的经济用途。许多蕨类植物可供食用，如蕨的幼叶；有些蕨类植物根茎富含淀粉，可提取面粉供食用。药用蕨类植物有 100 余种。例如，用海金沙（*Lygodium japonicum*）治疗尿道感染、尿道结石；用卷柏（*Selaginella tamariscina*）外敷，治疗刀伤出血；用江南卷柏（*Selaginella moellendorffii*）治疗湿热黄疸、水肿、吐血等症；用阴地蕨（*Botrychium ternatum*）治疗小儿惊风；骨碎补（*Davallia mariesii*）能坚骨补肾、活血止痛；贯众（*Cyrtomium fortunei*）的根茎可治疗虫积腹痛、流感等症。水生蕨类植物在农业上可作绿肥和饲料，如满江红（*Azolla pinnata* subsp. *asiatica*），其含氮量高于苜蓿；槐叶苹（*Salvinia natans*）、满江红等也可作为鱼和家畜的饲料。有的蕨类植物可指示土壤性质，如铁线蕨（*Adiantum capillus-veneris*）、卷柏、蜈蚣草（*Pteris vittata*）等多生长于石灰岩或钙质土壤上；石松（*Lycopodium japonicum*）、铁芒萁（*Dicranopteris linearis*）则生长于酸性土壤上。蕨类植物还能指示气候，如桫椤（*Alsophila spinulosa*）和地耳蕨（*Tectaria zeilanica*）的生长，指示着热带和亚热带气候；生长鳞毛蕨属（*Dryopteris*）的地区，则为北温带或亚寒带气候。许多蕨类植物形态优美，极具观赏价值，如肾蕨（*Nephrolepis cordiforia*）、鹿角蕨（*Platycerium wallichii*）、铁线蕨等。现代开采的煤炭，大部分是古代蕨类植物遗体形成的，为现代工业的重要燃料；石松的孢子常用于火箭信号、照明弹制造工业中。

一、木贼科 Equisetaceae

节节草 *Equisetum ramosissimum* Desf.

木贼属

地上茎常绿，多年生，一型。根状茎横走，黑色。地上茎直立，基部分枝，各分枝中空，有棱脊 6～20 条，狭而粗糙，各有硅质疣状突起 1 行，或有小横纹，沟内有气孔线

1～4行。节间基部叶鞘筒状，长约2倍于径，鞘片背上无棱脊；鞘齿短三角形，褐色，近膜质，有易落膜质尖尾；每节有小枝2～5个。孢子囊穗生于分枝顶端。见于白洋淀圈头乡桥东村淀内台地。生于潮湿路旁、砂地、低山砾石地或溪边。产于河北、北京和天津。广布全国各地。全草入药，有明目退翳、清热利尿、止血及消肿等功效。

二、槐叶苹科 Salviniaceae

槐叶苹 *Salvinia natans* (L.) All.

槐叶苹属

漂浮植物。茎细长，浮于水面，无根，被褐色节状毛。叶3枚轮生，上面二叶漂浮于水面，形如槐叶，顶端钝圆，基部圆形或稍呈心形，叶草质，上面深绿色，下面密被棕色绒毛；下面一叶悬垂于水中，细裂成线状，被细毛，形如须根。孢子果4～8个簇生于沉水叶基部，表面疏生成束短毛，小孢子果表面淡黄色，大孢子果表面淡棕色。见于白洋淀淀内。生于水田、沟塘和静水溪河内。产于河北唐山、秦皇岛、保定、石家庄、邢台等地。分布于我国长江以南及华北、东北各地。全草入药。

三、满江红科 Azollaceae

满江红 *Azolla pinnata R. Br.* subsp. *asiatica* R. M. K. Saunders et K. Fowler

满江红属

一年生漂浮植物。根状茎横走，向水下生须根。叶无柄，鳞片状，互生，全缘，叶分上下两片，上片肉质，绿色或秋后变为红褐色，上面密生乳头状突起，下面有空腔，下片膜质如鳞片状，沉于水中。孢子果有大小之分，均生于分枝基部的沉水叶片上。见于安新县大淀头村淀内。生于沟渠中。产于天津蓟州区。分布于我国长江以南等地。全草药用，能发汗、利尿、祛风湿；也可作绿肥和饲料。

第三章

裸子植物门 Gymnospermae

裸子植物（gymnosperm）是介于蕨类植物和被子植物之间的一类维管植物。因其种子外面没有果皮包被，是裸露的，故称为裸子植物。与蕨类植物相比，裸子植物有如下主要特征。

（1）孢子体发达。裸子植物均为多年生木本，且多数为单轴分枝的高大乔木。维管系统发达，具形成层和次生生长；木质部大多数只有管胞而无导管，韧皮部有筛胞而无筛管和伴胞。叶多为针形、条形或鳞形，极少数为扁平的阔叶；叶表皮有较厚的角质层，气孔下陷，排列成浅色气孔带，更加适应陆地生活。

（2）形成球花。裸子植物孢子叶多聚生成球果状，称为孢子叶球或球花。小孢子叶球又称为雄球花，由小孢子叶聚生而成，每个小孢子叶下面生有小孢子囊，囊内有许多小孢子母细胞，经减数分裂产生小孢子，再由小孢子发育成雄配子体。大孢子叶球又称雌球花，由大孢子叶丛生或聚生而成；大孢子叶变态为羽状大孢子叶（苏铁纲）、珠领（银杏纲）、珠鳞（松柏纲）、珠托（红豆杉纲）和套被（松杉纲罗汉松）。

（3）具裸露的胚珠，形成种子。裸子植物大孢子叶腹面生有胚珠，胚珠裸露，不为大孢子叶所包被；胚珠成熟后形成种子。种子的出现使胚受到保护，保障了营养物质供给，可以使植物度过不良环境。

（4）形成花粉管，受精作用不再受水的限制。裸子植物雄配子体（花粉粒）在珠心上方萌发，形成花粉管，进入胚囊，将两个精子直接送入颈卵器。一个具功能的精子使卵受精，另一个被消化。裸子植物的受精作用不再受水的限制，它们能更好地在陆生环境中繁衍后代。

（5）配子体十分简化，不能脱离孢子体而独立生活。裸子植物的小孢子（单核花粉粒）在小孢子囊（花粉囊）里发育成仅由 4 个细胞组成的雄配子体（成熟的花粉粒）。单核花粉粒被风吹送到胚珠上，经珠孔直接进入珠被，在珠心（大孢子囊）上方萌发形成花粉管，吸取珠心营养，继续发育为成熟雄配子体，即雄配子体前一时期寄生在花粉囊里，后一时期寄生在胚珠中，不能独立生活。大孢子囊（珠心）里产生的大孢子（单核胚囊），在珠心里发育成雌配子体（成熟胚囊）。成熟雌配子体由数千个细胞组成，近珠孔端产生 2 ～ 7 个颈部露在胚囊外面的颈卵器。颈卵器内无颈沟细胞，仅有 1 个卵细胞和 1 个腹沟细胞。雌配子体（胚囊）寄生在孢子体上，不能独立生活。

（6）具多胚现象。多数裸子植物具有多胚现象。由 1 个雌配子体上的几个颈卵器中的卵细胞同时受精，各自发育成 1 个胚而形成多个胚的情况，称为简单多胚现象；由 1 个受精卵形成的胚原细胞在发育过程中分裂为几个胚的情况，称为裂生多胚现象。

裸子植物的繁盛期为中生代，后因地史变迁，很多植物已绝迹。现代生存的裸子植物有 700 余种，我国有 12 科 42 属 245 种，白洋淀常见栽培 3 科 4 属 4 种。

裸子植物是组成地面森林的主要成分，它们材质优良，为林业生产上的主要用材树种。我国应用在建筑、枕木、造船、制纸、家具上的大量木材多数为松柏类，如东北的红松（*Pinus koraiensis*）、南方的杉木（*Cunninghamia lanceolata*）；其副产品，如松节油、松香、单宁、树脂等都有重要用途。部分裸子植物的种子可供食用，如银杏（*Ginkgo biloba*）、华山松（*Pinus armandii*）、香榧（*Torreya grandis*）等的种子。草麻黄（*Ephedra sinica*）是著名药材。很多裸子植物是优美的常绿树种，在美化庭院、绿化环境上有很大价值，如雪松（*Cedrus deodara*）、金钱松（*Pseudolarix amabilis*）、油松（*Pinus tabuliformis*）、白皮松（*Pinus bungeana*）等。其中，雪松是世界五大园林观赏树种之一，而金钱松的叶入秋后变为金黄色，也是美化庭院的观赏树种。我国特产的水杉（*Metasequoia glyptostroboides*）、水松（*Glyptostrobus pensilis*）、银杏等，都是地史上遗留的古老植物，被称为活化石，在研究地史和植物界演化上有重要意义。

一、银杏科 Ginkgoaceae

银杏 *Ginkgo biloba* L.

银杏属

落叶乔木。叶在长枝上呈螺旋状排列，在短枝上簇生。叶扇形，顶端 2 裂，有多数叉状平行细脉。球花单性，雌雄异株；雄球花呈柔荑花序状，雌球花梗端通常分 2 叉，每叉顶有一裸生胚珠。种子核果状。花期 4 ～ 5 月，种子成熟期 9 ～ 10 月。见于白洋淀景区栽培。我国特产，是中生代孑遗稀有树种，仅浙江天目山有野生。全国各地均有栽培。树形优美，叶形奇特，春、夏两季叶色嫩绿，秋季叶变成黄色，是珍贵的园林绿化树种；种子可供药用。

二、松科 Pinaceae

雪松 *Cedrus deodara* (Roxb.) G. Don

雪松属

常绿乔木。树皮深灰色，裂成不规则鳞状片。叶在长枝上辐射伸展，短枝的叶呈簇生状；叶针形，腹面两侧各有 2 ～ 3 条气孔线，背面 4 ～ 6 条。雄球花长 2 ～ 3cm；雌球花长约 8mm。球果熟时红褐色；种子近三角状，种翅宽大。花期 10 ～ 11 月，球果翌年 10 月成熟。白洋淀景区有栽培。在气候温和、湿润、土层深厚、排水良好的酸性土壤上生长良好。原产阿富汗、印度等国。全国各地均有栽培。木材纹理通直，坚实致密，可作建筑、桥梁、造船、家具等用材；树形美观，栽培作庭院观赏树木。

油松 *Pinus tabuliformis* Carr.

松属

乔木。树皮呈不规则鳞状块片。针叶 2 针一束，两面具气孔线。球果卵圆形，常宿存数年之久；鳞盾肥厚，扁菱形，鳞脊凸起有尖刺；种子淡褐色有斑纹。花期 4 ～ 5 月，果期翌年 10 月。见于白洋淀景区栽培。喜光、深根性树种，在土层肥厚、排水良好的酸性、中性或钙质黄土上均能生长良好。我国特有树种。河北各地均有栽培。分布于我国东北、华北、西北、西南、华东地区。材质坚硬、纹理直，可作建筑、电杆、矿柱、造船、家具及木纤维工业原料等的用材；树干可割取油脂，提取松节油；树皮可提取栲胶；松节、针叶及花粉均可药用。

三、柏科 Cupressaceae

侧柏 *Platycladus orientalis* (L.) Franco

侧柏属

乔木。树皮条片状剥落。叶紧贴枝上，中间鳞叶比两侧的大，尖头下有腺点。雄球花黄色，雌球花近球形，蓝绿色，被白粉。球果成熟后木质化，开裂，红褐色。花期 3 ～ 4 月，种子 10 月成熟。白洋淀景区内多有栽培。生于干旱阳坡。河北邢台西黄村镇、张尔庄乡，保定涞水釜山有天然林。我国特产，除青海、新疆外，全国均有分布。侧柏为北方石灰岩山地重要造林树种和庭院绿化树种；木材可作建筑和家具等用材；叶和枝可入药，可收敛止血、利尿健胃、解毒散瘀。

第四章

被子植物门 Angiospermae

被子植物（angiosperm）是植物界中适应陆生生活的最高级、多样性最丰富的类群。全世界的被子植物有 25 万多种；我国有 3100 多属，约 3 万种，白洋淀常见被子植物有 79 科 226 属 283 种 2 亚种 14 变种 2 变型。被子植物之所以能够如此繁盛，与其独特的形态结构特征密不可分。

（1）孢子体更加发达完善。在外部形态、内部解剖结构、生活型等方面，被子植物的孢子体比其他植物类群更加完善和多样化。外部形态上，被子植物多具有合轴式分枝和阔叶，光合作用效率大为提高；内部解剖结构上，被子植物木质部中有导管和管胞，韧皮部中有筛管和伴胞，输导作用更强；生活型上，被子植物有水生、石生、土生等，有自养种类，也有腐生和寄生植物，有乔木、灌木和藤本植物，也有一年、二年和多年生草本植物。

（2）产生了真正的花。典型被子植物的花一般由花柄、花托、花被、雄蕊群和雌蕊群 5 部分组成。花被的出现提高了传粉效率，也为异花传粉创造了条件。在长期自然选择过程中，被子植物花的各个部分不断演化，以适应虫媒、风媒、鸟媒和水媒等各种类型的传粉机制。

（3）形成了果实。雌蕊中的子房受精后发育为果实，子房内的胚珠发育为种子；种子包裹在果皮里面，使下一代植物体的生长和发育得到了更可靠的保证，同时还有助于种子传播。

（4）具双受精现象。花粉粒中的两个精子进入胚囊后，一个与卵细胞结合形成合子，将来发育成胚，另一个精子与中央细胞中的两个极核结合形成受精极核，进一步发育成胚乳。被子植物的双受精现象，使胚获得了具双亲遗传性的养料，增强了生活力。

（5）配子体进一步退化。配子体达到最简单程度，成熟胚囊即为其雌配子体，一般只有 7 个细胞 8 个核，即 3 个反足细胞、2 个助细胞、1 个卵细胞和 1 个中央细胞（内含 2 个极核），没有颈卵器；2 核或 3 核成熟花粉粒即为其雄配子体，其中，2 核花粉粒由 1 个营养细胞和 1 个生殖细胞组成，3 核花粉粒由 1 个营养细胞和 2 个精子组成。

一、杨柳科 Salicaceae

银白杨 *Populus alba* L.

杨属

乔木。雄株干直，雌株干歪斜；树皮灰白色。长枝叶卵圆形，掌状 3 ～ 5 浅裂，中裂

片远大于侧裂片，边缘呈不规则凹缺；短枝叶较小，卵圆形，边缘有钝齿牙；叶表面光滑，背面被白色绒毛。雄花序轴有毛，苞片膜质，宽椭圆形，边缘有不规则齿牙和长毛；雌花序轴有毛，雌蕊具短柄。蒴果细圆锥形，2 瓣裂，无毛。花期 4 ～ 5 月，果期 5 月。见于白洋淀各村镇。喜生于湿润肥沃的沙质土。河北保定、石家庄等地有栽培。辽宁、山东、河南、山西、陕西、宁夏、甘肃、青海等地也有栽培，仅新疆（额尔齐斯河）有野生。常栽培用以装饰庭院、美化环境等；木材可制家具和作为造纸原料。

02 毛白杨 *Populus tomentosa* Carr.

杨属

乔木。树皮幼时暗灰色，老时基部黑灰色，纵裂，皮孔菱形散生。长枝叶三角状卵形，

具深波状齿牙缘；叶柄上部侧扁，顶端常有腺点；短枝叶较小，具深波状齿牙缘，先端无腺点。柔荑花序；雄花苞片密生长毛；雌花苞片褐色，沿边缘有长毛。蒴果圆锥形或长卵形，2瓣裂。花期3～4月，果期4～5月。白洋淀各地路边均有栽培。河北广泛栽培。我国主要分布于黄河中下游地区，是速生用材林、防护林和行道河渠绿化树种；木材可造纸；根、树皮、花可入药。

垂柳 *Salix babylonica* L.

柳属

乔木。树皮灰黑色，不规则开裂；枝细，下垂。叶狭披针形，基部楔形，锯齿缘。花序先叶或与叶同时开放；雄花序长1.5～3cm；雌花序长2～5cm，基部有3～4枚小叶；腺体1。蒴果黄褐色。花期3～4月，果期4～5月。见于白洋淀各地。河北石家庄、邯郸、保定等平原地区广泛栽培。我国陕西、河南、山东等地均有分布。园林绿化中常用作行道树，观赏价值较高；木材可作建筑用材；枝条可编筐；树皮含鞣质，可提制栲胶；叶可作羊饲料；叶及树皮可入药。

旱柳 *Salix matsudana* Koidz.

柳属

乔木。树皮暗灰黑色，有裂沟。叶披针形，基部楔形，表面绿色，背面苍白色，有细腺锯齿缘；叶柄短，上面有长柔毛。花序与叶同时开放；柔荑花序，雌花序较雄花序短。

果序 2 ～ 2.5cm。花期 4 月，果期 4 ～ 5 月。见于安新县端村镇。旱柳为平原地区常见栽培树种。河北各地均有分布和栽培。我国东北、华北、西北、西南、华东均有分布。木材可用于制作家具；树叶可用于制作饲料；根皮可入药，有清热除湿、祛风止痛的功效。

二、胡桃科 Juglandaceae

胡桃 *Juglans regia* L.

胡桃属

落叶乔木。老树皮灰白色，浅纵裂。奇数羽状复叶，全缘，光滑。雄柔荑花序，雄花有雄蕊 6 ～ 30 个，萼 3 裂；雌穗状花序常具 1 ～ 3（4）雌花，雌花总苞被极短腺毛，柱头浅绿色。果实椭圆形，灰绿色，幼时具腺毛，老时无毛，内部坚果球形，黄褐色，表面有不规则槽纹。花期 4 ～ 5 月，果期 9 ～ 10 月。白洋淀农家庭院均有栽培。河北广为栽培。全国各地均有栽培。胡桃仁每百克含蛋白质 15 ～ 20g，脂肪较多，碳水化合物 10g；含人体必需的钙、磷、铁等多种矿质元素，以及维生素 B_2 等多种维生素和胡萝卜素。树皮和外果皮可提取单宁作鞣料，是优良绿化树种。

三、榆科 Ulmaceae

榆 *Ulmus pumila* L.

榆属

落叶乔木。幼树树皮平滑，灰褐色或浅灰色，成树树皮暗灰色，不规则深纵裂，粗糙；小枝无毛或有毛，无膨大木栓层及凸起木栓翅。叶椭圆状卵形或椭圆状披针形，叶面平滑无毛，叶背幼时有短柔毛，后变无毛或部分脉腋有簇生毛，叶柄面有短柔毛。花先于叶开放，多数呈簇状聚伞花序，生于去年枝的叶腋。翅果近圆形或宽倒卵形，无毛；种子位于翅果中部或近上部。花果期 3 ～ 6 月（东北较晚）。白洋淀有栽培。生于山坡、山谷、川地、丘陵等处。分布于我国东北、华北、西北及西南各地。造林绿化树种。

四、桑科 Moraceae

构树 *Broussonetia papyrifera* (L.) L'Hér. ex Vent.

构属

落叶乔木。全株含乳汁。树皮暗灰色；小枝密生柔毛；树冠张开，卵形至广卵形。叶

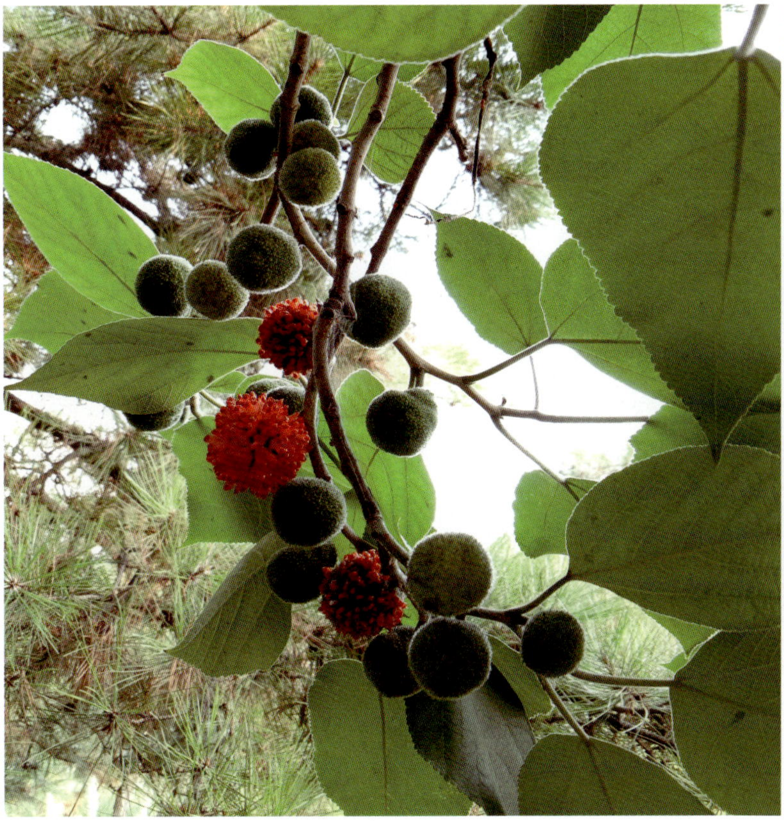

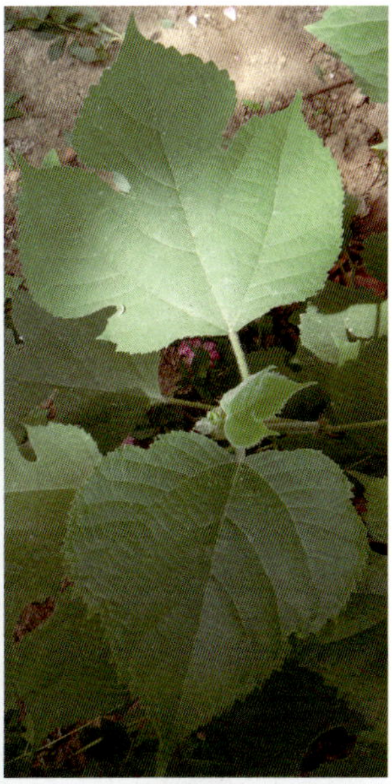

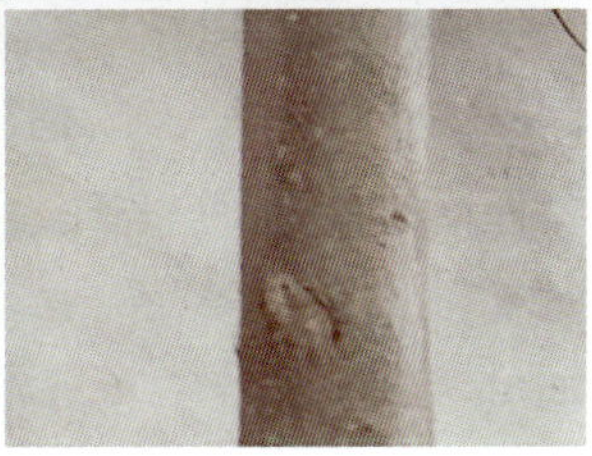

螺旋状排列，广卵形至长椭圆状卵形，边缘具粗锯齿，不分裂或3～5裂，表面粗糙，疏生糙毛，背面密被绒毛；叶柄密被糙毛；托叶大，卵形，狭渐尖。花雌雄异株；雄花序为柔荑花序，苞片披针形，被毛，花被4裂，裂片三角状卵形，被毛，雄蕊4，退化雌蕊小；雌花序为球形头状，苞片棍棒状，顶端被毛，花被管状，子房卵圆形，柱头线形，被毛。聚花果成熟时橙红色，肉质；瘦果具与果体等长的柄，表面有小瘤，外果皮壳质。花期4～5月，果期6～7月。见于白洋淀沿岸路旁、街边。常野生于或栽于村庄附近的荒地、田园及沟旁。分布于全国各地。可用作行道树和绿化树种。叶是很好的猪饲料；韧皮纤维是造纸的高级原料；根和种子均可入药，树液可治皮肤病。

02 无花果 *Ficus carica* L.

榕属

落叶灌木。多分枝。树皮灰褐色；小枝直立，粗壮。叶互生，广卵圆形，长宽近相等，常3～5裂，小裂片卵形，边缘具不规则钝齿，表面粗糙，背面密生细小钟乳体及灰色短柔毛；叶柄粗壮；托叶卵状披针形，红色。雌雄异株，雄花和瘿花同生于一榕果内壁，雄花生内壁口部，花被片4～5，雄蕊3，有时1或5，瘿花花柱侧生；雌花花被与雄花同，子房卵圆形，光滑，花柱侧生，柱头2裂，线形。聚花果单生叶腋，大而梨形，顶部下陷，成熟时紫红色或黄色，基生苞片3，卵形；瘦果透镜状。花果期5～7月。见于白洋淀岸边、农家庭院栽培。原产地中海沿岸，现我国南北均有栽培。无花果除鲜食、药用外，还可加工制干果、果脯、果酱、果汁、果茶、果酒、饮料、罐头等。无花果也是良好的园林及庭院绿化观赏树种。

03 葎草 *Humulus scandens* (Lour.) Merr.

葎草属

多年生攀缘草本植物。茎、枝、叶柄均具倒钩刺。叶片纸质，肾状五角形，掌状，基部心脏形，表面粗糙，背面有柔毛和黄色腺体，裂片卵状三角形，边缘具锯齿。单性花，雌雄异株；雄花序呈圆锥状，雄花花被片 5，浅黄色，雄蕊 5；雌花序近球形，腋生，苞片卵状披针形，有白刺毛和黄色小腺点，每苞片内有 2 朵雌花。瘦果扁球形。花期春、夏季，果期秋季。见于白洋淀各地。生于荒地、废墟、林缘、沟边等地。产于河北各地。分布于全国各地（新疆、青海除外）。全草入药；茎皮纤维可作造纸原料；种子油可制肥皂；果穗可代啤酒花用。葎草也是有害植物，种子繁殖，危害果树及作物，其茎缠绕在植株上影响农作物正常生长。

04 桑 *Morus alba* L.

桑属

落叶乔木或灌木。树体富含乳浆，树皮黄褐色。叶互生，叶卵形至广卵形，叶端尖，叶基圆形或浅心脏形，边缘有粗锯齿，有时有不规则分裂；叶面无毛，有光泽，叶背脉有疏毛。雌雄异株，柔荑花序。聚花果黑紫色或白色。花期 5 月，果期 6 ～ 7 月。见于安新县大王镇、大田庄村等地。多栽培于庭院。产于河北各地。我国南北普遍栽培或野生。叶饲蚕；木材可做农具；茎皮纤维是造纸、纺织原料；果可食用；根皮和果可入药。

五、蓼科 Polygonaceae

两栖蓼 *Polygonum amphibium* L.

蓼属

多年生草本。叶片浮水面，全缘；有长叶柄；托叶鞘筒状，膜质，顶端截形，有长硬毛。陆生茎直立，常不分枝，有短硬毛。叶片两面密生粗伏毛；叶柄短或无；花序穗状，顶生或腋生，有花3～4朵；花淡红色或白色，花被5深裂。瘦果近圆形，黑色。花期7～8月，果期8～9月。见于安新县寨南村。常成片生于水沟或静水池塘。产于河北各地。分布于我国陕西、云南、贵州、湖北等地。全草入药，可清热利湿，治痢疾，外用可治疔疮。

02 萹蓄 *Polygonum aviculare* L.

蓼属

一年生草本。分枝多。叶椭圆形或窄椭圆形，灰绿色；叶柄极短；托叶鞘膜质，淡白色。1～5朵花簇生于叶腋；花被5深裂，淡绿色，裂片有窄的白色或粉红色边缘。瘦果三棱卵形，黑褐色，包于宿存花被内。花期5～7月，果期6～8月。见于白洋淀各地路边。生于路边、荒地、田边或沟边湿地。产于河北各地。分布于全国各地。全草入药，能清热利尿；也可作饲料。

03 水蓼 *Polygonum hydropiper* L.

蓼属

一年生草本。茎节部膨大。叶披针形，全缘，被褐色小点，具辛辣味，叶腋具闭花受精花；托叶鞘筒状。总状花序穗状，常下垂，花稀疏；苞片漏斗状，每苞具花3～5朵；花被5深裂，绿色，被黄褐色透明腺点。瘦果包于宿存花被内。花期5～9月，果期6～10月。见于安新县大田庄村。生于河滩、水沟边、山谷湿地。产于河北各地。分布于我国东北、华北、华东、华南、西南、西北地区。全草入药，名“辣蓼”，能消肿止痢，解毒。

04 绵毛酸模叶蓼 *Polygonum lapathifolium* L.var. *salicifolium* Sibth.

蓼属

一年生草本。茎节膨大。叶披针形，上面绿色，常有一个大的黑褐色新月形斑点，叶下面密生白色绵毛；托叶鞘筒状。总状花序穗状，常由数个花序再组成圆锥状；苞片漏斗状；花被淡红色或白色，4(5）深裂。瘦果包于宿存花被内。花期6～8月，果期7～9月。见于安新县大张庄村淀边。生于田边、路旁、水边、荒地或沟边湿地。产于河北各地。分布于全国各地。全草入药，能清热解毒，治肠炎痢疾；幼嫩茎叶可作猪饲料。

红蓼 *Polygonum orientale* L.

蓼属

一年生草本。茎上部多分枝，密被开展长柔毛。叶全缘，两面密生短柔毛；托叶鞘筒状。总状花序呈穗状，微下垂，常数个组成圆锥状；苞片宽漏斗状，每苞具花 3 ~ 5 朵；花被 5 深裂，淡红色或白色。瘦果包于宿存花被内。花期 6 ~ 9 月，果期 8 ~ 10 月。见于安新县城西、淀内岛上。生于荒地、水沟边或村舍附近。产于河北各地。分布于我国东北、华北、华南、西南地区。供观赏；果实入药，名“水红花子”，有活血、消积、止痛、利尿的功效。

齿果酸模 *Rumex dentatus* L.

酸模属

一年生或多年生草本。基生叶长圆形，基部圆形或稍心形，边缘微波状；茎生叶较小，基部圆形，有短柄。圆锥花序；花两性，花梗细长，果时下弯，近基部有关节；花被片 6，2 轮，黄绿色，内花被片果时增大，网脉突出，边缘有 2 ~ 4（5）对尖针状齿。瘦果三棱形，褐色，光滑，包于内花被内。花期 5 ~ 6 月，果期 6 ~ 10 月。见于白洋淀安州镇烧盆庄村。生水沟边、河沟边湿地或路边荒地。产于河北各地。分布于我国山西、河南、陕西、甘肃、江苏、浙江、云南、四川和台湾等地。根入药，有清热、解毒、活血功效。

六、藜科 Chenopodiaceae

沙蓬 *Agriophyllum squarrosum* (L.) Moq.

沙蓬属

一年生草本。茎由基部分枝，坚硬，具条纹，幼时全株密生分枝毛。叶互生，披针形至线形，无柄，先端具刺尖，全缘，叶脉突出。花序穗状，无总花梗，通常 1 或 3 个着生于叶腋；苞片宽卵形，具刺尖，花两性；花被片 1 ～ 3，膜质。胞果圆形或椭圆形，具膜质翅，果喙深裂为两个扁平的条状小喙。花果期 8 ～ 10 月。见于安新县北田庄村路边。生于沙丘和沙地。产于河北沙河、固安、正定、大名、魏县。分布于我国东北、华北、西北等地。种子可食；含油量约 20%，为广泛利用的油源植物；幼株可作饲料。

尖头叶藜 *Chenopodium acuminatum* Willd.

藜属

一年生草本。茎直立，具条棱。叶互生，有长柄，具紫红色或黄褐色透明边缘，背面被白粉。穗状圆锥花序；花两性；花被片 5，背部中央具绿色龙骨状隆脊。胞果圆形。花期 6 ～ 7 月，果期 8 ～ 9 月。见于安新县郝庄村院落内。生于田边、河滩和海滨。产于河北承德、张家口、邯郸、迁西、滦南、阜城、冀县；北京各地；天津武清。分布于我国东北、华北、西北等地。全草药用。

藜 *Chenopodium album* L.

藜属

一年生草本。茎具条棱及绿色或紫红色色条。叶片菱状卵形至宽披针形，有时嫩叶表面有紫红色粉，边缘具不整齐锯齿。花两性，圆锥花序；花被裂片 5，背面具纵隆脊。果皮与种子贴生；种子横生，双凸镜状，黑色，表面具浅沟纹。花果期 5 ～ 10 月。见于安新县大张庄村。生于田间、荒地、路旁、宅旁等地。产于河北各地。分布于全国各地。本种分布甚广，形态变异很大，已发表的种下等级名称很多，相当混乱。常见的农田杂草。全草药用，有止泻痢、止痒的功效；种子榨油，可供食用和工业用。

04 红心藜 *Chenopodium album* var.*centrorubrum* Makino

藜属

一年生草本。茎直立，具条棱及绿色或紫红色色条，多分枝。叶片菱状卵形至宽披针形，有时嫩叶上面有紫红色粉，边缘具不整齐锯齿。花两性，花簇生于枝上部排成穗状圆锥状或圆锥状花序；花被裂片5，宽卵形至椭圆形，背面具纵隆脊，有粉，先端或微凹，边缘膜质；雄蕊5，柱头2。果皮与种子贴生；种子双凸镜状。花果期5～10月。见于安新县端村镇淀内台地。生于路旁、荒地及田间。产于河北各地。分布于全国各地。幼苗、嫩茎叶和花穗均可食用；全草药用，有祛湿解毒、解热、缓泻的功效。

05 灰绿藜 *Chenopodium glaucum* L.

藜属

一年生草本。茎具条棱及绿色或紫红色色条。叶片矩圆状卵形至披针形，边缘具缺刻状牙齿，下面有粉而呈灰白色，稍带紫红色。花两性，团伞花序；花被裂片 3 ～ 4，浅绿色。胞果黄白色；种子扁球形，暗褐色，表面有细点纹。花果期 5 ～ 10 月。见于安新县北六村。生于盐碱地、水边、田间、荒地或路旁。产于河北各地。分布于我国东北、华北、西北、华中等地。茎叶可提皂素；也是牲畜的良好饲料。

06 东亚市藜 *Chenopodium urbicum* subsp. *sinicum* Kung et G. L. Chu

藜属

一年生草本。茎直立，有条棱及色条。叶片菱形至菱状卵形，两面近同色，边缘具不整齐锯齿，近基部 1 对锯齿较大呈裂片状。花两性兼有雄蕊不发育雌花，顶生穗状圆锥花序；花被裂片 5。胞果双凸镜形，果皮黑褐色；种子横生，红褐色至黑色，表面具不清晰点纹。花果期 7 ～ 10 月。见于安新县圈头乡淀内台地。生于池沼岸边、盐碱地。产于河北永年、永清、东光、冀县、临漳；北京百花山；天津北郊、西郊。分布于我国黑龙江、吉林、辽宁、河北、山东、内蒙古、山西、陕西、新疆、江苏等地。良好的饲用植物。

地肤 *Kochia scoparia* (L.) Schrad.

地肤属

一年生草本。根略呈纺锤形。茎有多数条棱。叶披针形或条状披针形，常有 3 条明显的主脉；茎上部叶较小，无柄，1 脉。疏穗状圆锥状花序；花被近球形，淡绿色；翅端附属物三角形至倒卵形。胞果扁球形；种子卵形，黑褐色。花期 6 ～ 9 月，果期 7 ～ 10 月。见于安新县大王村农家院落。生于田边、路旁、荒地等处。产于河北各地。分布全国各地。种子含油量约 15%，可供食用和工业用；种子和全草供药用，能清湿热，为利尿剂；鲜嫩茎叶可食。

猪毛菜 *Salsola collina* Pall.

猪毛菜属

一年生草本。茎自基部分枝，有白色或紫红色条纹。叶片丝状圆柱形。花序穗状，生于枝条上部；苞片卵形，有刺状尖，边缘膜质，背部有白色隆脊；花被片卵状披针形，膜质，顶端尖，果时变硬，自背面中上部生鸡冠状突起。胞果倒卵形，果皮膜质；种子横生或斜生。花期 7～9 月，果期 9～10 月。见于安新县大王村等地。生于村边、路旁、荒地、盐碱沙地。产于河北各地。分布于我国陕西、甘肃、青海、四川、西藏和云南等地。全草入药，能清热平肝、降低血压。

09 菠菜 *Spinacia oleracea* L.

菠菜属

一年生草本。茎直立，中空，脆弱多汁，不分枝或有少数分枝。叶戟形至卵形，鲜绿色，柔嫩多汁，全缘或有少数牙齿状裂片。雄花集成球形团伞花序，再于枝和茎上部排成有间断的穗状圆锥花序；花被片通常 4 枚；雌花团集于叶腋；小苞片两侧稍扁，顶端残留 2 小齿，背面通常各具 1 棘状附属物；柱头 4 或 5，外伸。胞果卵形或近圆形，两侧扁；果皮褐色。原产伊朗，全国各地普遍栽培，为极常见蔬菜，富含维生素及磷元素和铁元素。

七、苋科 Amaranthaceae

01 凹头苋 *Amaranthus lividus* L.

苋属

一年生草本。茎伏卧而上升，从基部分枝。叶片卵形或菱状卵形，全缘或稍波状。花成腋生花簇，生于茎端和枝端者呈穗状或圆锥花序；花被片淡绿色，背部有 1 隆起中脉。胞果扁卵形，超出宿存花被片；种子环形，黑色至黑褐色，边缘具环状边。花期 7 ～ 8 月，果期 8 ～ 9 月。见于安新县南河村。生于荒地或农田。产于河北各地。分布于我国华南、西南、华北、东北地区。嫩茎叶可作野菜和饲料。

繁穗苋 *Amaranthus paniculatus* L.

苋属

一年生草本。茎粗壮，具钝棱角。叶片菱状卵形或菱状披针形，绿色或红色；叶柄绿色或粉红色。圆锥花序直立或下垂，中央分枝特长；花被片红色，与胞果等长。胞果近球形，上半部红色，超出花被片；种子近球形，淡棕黄色，有厚的环。花期 6 ～ 7 月，果期 8 ～ 10 月。见于安新县马家寨村农家房屋后。全国各地广为栽培或野生。茎可作蔬菜；种子可作点心配料；全株供观赏。

反枝苋 *Amaranthus retroflexus* L.

苋属

一年生草本。茎粗壮，分枝或仅腋内生小枝，密生短柔毛。叶具芒尖，两面及边缘均有毛。花单性，雌雄同株，集成多毛刺花簇，再集为稠密的绿色圆锥花序，顶生及腋生；花被片白色，薄膜状，顶端具突尖。胞果倒卵状扁圆形。花期 7 ～ 8 月，果期 8 ～ 9 月。见于安新县南六村农家房屋后。生于路旁或住宅附近。产于河北各地。分布于我国东北、华北和西北。幼茎叶可作野菜，也是良好的猪饲料和青贮饲料。

刺苋 *Amaranthus spinosus* L.

苋属

一年生草本。茎有纵条纹。叶片菱状卵形或卵状披针形，全缘；叶柄在其旁有 2 刺。圆锥花序，苞片在腋生花簇及顶生花穗基部者变成尖锐直刺，在顶生花穗上部者呈狭披针形；花被片绿色。胞果矩圆形，包裹在宿存花被片内；种子近球形，黑色或带棕黑色。花果期 7 ～ 11 月。见于安新县留通村。生于旷野或农田。产于河北南部沙河一带。分布于我国西南、华南、华东等地。幼茎叶可作野菜；根茎叶可供药用，有凉血解毒的功效。

05 皱果苋 *Amaranthus viridis* L.

苋属

一年生草本。叶片卵形，基部宽楔形或近截形，全缘或微呈波状缘。圆锥花序顶生，顶生花穗比侧生者长；花被背部有1绿色隆起中脉。胞果扁球形，绿色，极皱缩，超出花被片；种子近球形，黑色或黑褐色，具薄且锐的环状边缘。花期6～8月，果期8～10月。见于安新县留通村。生于农田或荒芜地。产于河北各地。分布于全国各地。嫩茎叶可作野菜和饲料。

06 鸡冠花 *Celosia cristata* L.

青葙属

一年生草本。茎具明显条纹。叶片卵形、卵状披针形或披针形。花多数，极密生，扁平肉质鸡冠状、卷冠状或羽毛状穗状花序，表面羽毛状；花被片红色、紫色、黄色、橙色或红色黄色相间。胞果卵形，包裹于宿存花被片内；种子凸透镜状肾形。花果期7～10月。见于安新县小赵庄村农家庭院。常见栽培观赏植物。全国各地均有栽培。花序和种子药用，为收敛剂，有止血、凉血、止泻的功效。

八、商陆科 Phytolaccaceae

美洲商陆 *Phytolacca americana* L.

商陆属

多年生草本。根肉质，肥大，圆锥形。茎直立，带紫红色。叶椭圆状卵形或披针形，全缘。总状花序下垂，顶生或侧生；花两性，白色，微带红晕；雄蕊8；心皮合生。果序下垂，浆果扁球形，熟时紫黑色。花期6～8月，果期8～10月。见于安新县三台镇等地。生于疏林下、林缘、路旁、山沟等湿润地。河北各地均有栽培或野生。全国大部分地区有栽培。美洲商陆是一种入侵植物，原产北美洲，又名美洲商陆果，种子可通过鸟类等传播；全株有毒，根及果实毒性最强，需警惕；根可入药，种子能利尿，叶有解热作用。

九、马齿苋科 Portulacaceae

马齿苋 *Portulaca oleracea* L.

马齿苋属

一年生草本。全株肉质无毛。茎多分枝，平卧，伏地铺散，枝淡绿色或带暗红色。单叶互生，叶片扁平，肥厚，似马齿状，上面暗绿色，下面淡绿色或带暗红色；叶柄粗短。花无梗，午时盛开；苞片叶状；萼片绿色，盔形；花瓣黄色，倒卵形；雄蕊 8 ～ 12；子房无毛。蒴果卵球形；种子细小，偏斜球形，黑褐色，有光泽。花期5～8月，果期6～9月。常见于白洋淀各地。生于河岸边、池塘边、沟渠旁和山坡草地、田野、路边及住宅附近。河北广布。分布于我国山东、河南、陕西、甘肃等地。全草药用，有清热利湿、解毒消肿、消炎、止渴、利尿作用；种子明目；还可作兽药和农药；嫩茎叶可作蔬菜，味酸，也是很好的饲料。

十、石竹科 Caryophyllaceae

01 石竹 *Dianthus chinensis* L.

石竹属

多年生草本，全株无毛。茎疏丛生，直立，上部分枝。叶片线状披针形，顶端渐尖，基部稍狭，全缘或有细小齿，中脉较显。花单生于枝端或数花集成聚伞花序；花瓣紫红色、粉红色、鲜红色或白色，顶缘不整齐齿裂，喉部有斑纹，疏生髯毛；雄蕊露出喉部外，花药蓝色；子房长圆形，花柱线形。蒴果圆筒形；种子黑色，扁圆形。花期 5～6 月，果期 7～9 月。见于白洋淀村庄、岸边绿化带。生于草原或山坡草地。产于河北承德、邢台、涿鹿、易县、涞源、阜平、井陉、兴隆雾灵山、北戴河、遵化东陵满族乡、蔚县小五台山。原产我国北方，现南北普遍栽培。观赏花卉；根和全草入药，可清热利尿、破血通经、散瘀消肿。

02 麦瓶草 *Silene conoidea* L.

蝇子草属

越年生或一年生草本，全体密被腺毛。茎直立，单生或叉状分枝。基生叶匙形；茎生叶长圆形或披针形，全缘，先端尖锐。聚伞花序顶生；花萼开花时呈筒状，果时下部膨大呈卵形，裂片 5，钻状披针形；花瓣 5 片，倒卵形，紫红或粉红色；雄蕊 10 枚；花柱 3 裂。

蒴果卵圆形或圆锥形，有光泽，包于宿存萼筒内；种子肾形，螺卷状，红褐色。花期 4 ～ 6 月，果期 6 ～ 8 月。见于白洋淀农田边。生于低山、平原麦田或荒地。产于河北石家庄、灵寿、内丘、磁县等地。分布于我国华北、西北、华东及西南地区。麦田杂草。全草入药，有止血、调经活血的功效。

03 麦蓝菜（王不留行）*Vaccaria segetalis* (Neck.) Garcke

王不留行属

一年生草本。茎中空，节部膨大，上部二叉状分枝。叶对生，卵状披针形或披针形，无柄，基部稍抱茎。二歧聚伞花序成伞房状；花梗近中部处有 2 小苞片；萼筒卵状圆筒形，具 5 棱；花瓣倒卵形，粉红色，下部具长爪，顶端具不整齐小牙齿。蒴果卵形，4 齿裂，包于宿萼内；种子暗黑色，表面密被明显小疣状突起。花期 4 ～ 5 月，果期 5 ～ 6 月。见于白洋淀湿地沿岸地区。生田边或耕地。河北各地少量栽培，常逸生麦田或农田附近成杂草。原产欧洲。除华南外，全国各地分布。种子入药称留行子，能活血、通经、消肿止痛、催生下乳；含淀粉 53%，可酿酒和制醋，也可榨油，用作机器润滑油。

04 繁缕 *Stellaria media* (L.) Vill.

繁缕属

一年生或二年生草本。茎俯仰或上升，基部多少分枝，常带淡紫红色。叶片宽卵形或卵形，顶端渐尖或急尖，基部渐狭或近心形，全缘；基生叶具长柄，上部叶常无柄或具短柄。疏聚伞花序顶生；花瓣白色，长椭圆形。蒴果卵形，稍长于宿存萼；种子卵圆形至近圆形。花期 6～7 月，果期 7～8 月。见于白洋淀道旁。生于田野、路旁或村边荒地。产于河北磁县、赤城龙关、涿鹿杨家坪等地。全国广布。茎、叶及种子供药用，嫩苗可食；植物有毒，家畜食后会引起中毒或死亡。

十一、睡莲科 Nymphaeaceae

01 芡实 *Euryale ferox* Salisb. ex Konig et Sims

芡属

一年生大型水生草本。沉水叶箭形或椭圆肾形，两面无刺；叶柄无刺；浮水叶革质，椭圆肾形至圆形，盾状，全缘，下面带紫色，两面在叶脉分枝处有锐刺；叶柄及花梗皆有硬刺。花瓣紫红色，成数轮排列，向内渐变成雄蕊。浆果球形，污紫红色，外面密生硬刺；种子球形，黑色。花期7～8月，果期8～9月。见于安新县大阳村淀内。生于池塘或湖沼。产于北京郊外、天津蓟县、天津水上公园。分布于全国各地。种子含淀粉，供食用，造酒及制副食品的原料，也是滋养强壮药；全草为猪饲料，也可作绿肥。

02 萍蓬草 *Nuphar pumilum* (Hoffm.) DC.

萍蓬草属

多年生水生草本。根状茎横生，黄白色。叶薄革质，浮于水面，广卵形或卵圆形，基部具弯缺，心脏形，表面深绿色，背面色较淡，密被柔毛。花单生，漂浮水面，萼片5，革质，黄色，花瓣状；花瓣多数，窄楔形，先端微凹。浆果卵球形，具宿存萼片及柱头。花期5～7月，果期7～9月。见于安新县留通村淀内。生于湖沼。产于河北围场。分布于我国东北、华北、西北等地区。根茎可供食用，也可药用；花可供观赏。

03 白睡莲 *Nymphaea alba* L.

睡莲属

多年生水生草本。根状茎匍匐；叶纸质，近圆形，直径 10 ～ 25cm，全缘，幼时带红色。花白色，直径约 10cm，近全日开放；花瓣宽，卵形。浆果扁平至半球形，长 2.5 ～ 3cm；种子椭圆形，长 2 ～ 3cm。花期 6 ～ 8 月，果期 8 ～ 10 月。见于安新县大阳村淀内。生池沼中。河北各公园池塘常栽培供观赏。分布于山东、陕西、浙江等地。花供观赏；根状茎可食。

04 红睡莲 *Nymphaea alba* var. *rubra* Lonnr

睡莲属

粗壮多年生水生草本。叶聚生于横生黑色根茎上。叶近圆形，直径 10 ～ 12cm，全缘，幼时带红色。花玫瑰红色，直径约 10cm，近全日开放；花瓣宽卵形；花药及柱头黄色。花期 6 ～ 8 月，果期 8 ～ 10 月。见于安新县大阳村淀内。生于池塘或湖沼。河北各公园池塘常栽培供观赏。分布于我国河北、山东、陕西、浙江等地。观赏植物。

05 黄睡莲 *Nymphaea mexicana* Zuce.

睡莲属

多年生水生草本。根状茎直生，球茎状。叶二型，沉水叶圆形，背面具小紫褐色斑；浮水叶卵形，上面有暗褐色斑，下面红褐色，具黑斑点。花径约 10cm，开放时伸出水面以上；花瓣鲜黄色，向内渐变小；雄蕊鲜黄色。花期 7 ～ 8 月，果期 8 ～ 9。见于安新县大阳村淀内。生于池沼、湖泊。河北各公园水盆或池塘偶见栽培。全国各地多有栽培。叶、花供观赏。

十二、莲科 Nelumbonaceae

莲 *Nelumbo nucifera* Gaertn.

莲属

多年生水生草本。根状茎横生，肥厚，节间膨大，内有多数纵行通气孔道，节部缢缩，上生黑色鳞叶，下生须状不定根。叶圆形，盾状，全缘稍呈波状。花瓣红色、粉红色或白色，由外向内渐小。坚果椭圆形或卵形；种子（莲子）卵形或椭圆形。花期6～8月，果期8～10月。见于安新县元妃荷园、任丘白洋淀淀内。生于池塘或水田。河北多地有栽培。分布于全国各地。根状茎（藕），可生食或制藕粉；种子（莲子）可供食用；叶、叶柄、花、雄蕊、花托及种子均可药用；叶可作包装材料；花大、美丽，可供观赏。

十三、金鱼藻科 Ceratophyllaceae

金鱼藻 *Ceratophyllum demersum* L.

金鱼藻属

沉水性多年生草本。茎细柔，有分枝。叶轮生，每轮叶 4 ～ 12，1 ～ 2 次二叉分枝，叶一侧有疏生刺状细齿。花小，单性，雌雄同株，腋生，无花被；总苞片 6 ～ 13，线形；雄花具多数雄蕊；雌花具雌蕊 1 枚；花柱长，宿存，针刺状。小坚果，黑色，边缘有 3 刺。花期 6 ～ 7 月，果期 8 ～ 10 月。常见于白洋淀池塘、水沟等处。产于河北各地。全国各地均有分布。可作鱼、猪及家禽饲料，全草药用。

十四、毛茛科 Ranunculaceae

01 黄花铁线莲 *Clematis intricata* Bge.

铁线莲属

多年生攀缘草本。一至二回羽状三出复叶，小叶 2 ～ 3 全裂，裂片线形。花单生或成聚伞花序；中间花无苞叶，侧生花梗下部有 1 对苞叶；花黄色；萼片 4。瘦果卵形。花期 5 ～ 6 月，果期 6 ～ 7 月。见于白洋淀南刘庄、赵庄等地。生于山坡、路旁、荒野杂草丛及灌丛。产于河北承德、张家口、唐山、保定、石家庄、邢台、邯郸、黄骅、赤城、深县等地。分布于我国内蒙古、山西、陕西、甘肃、青海等地。根药用，有祛瘀、利尿、解毒功效；也有很高的观赏价值。

茴茴蒜 *Ranunculus chinensis* Bge.

毛茛属

草本。须根细长成束，茎中空。三出复叶，中间小叶3裂，裂片再2～3深裂，边缘生牙齿，叶两面伏生长硬毛。萼片5，黄绿色；花瓣5，黄色。聚合果椭圆形。花果期5～9月。见于白洋淀淀边湿地。广布于河北各地。我国东北、华北、西北、西南均有分布。全草药用，有消炎、止痛、截疟、杀虫等功效，治肝炎、肝硬化、疟疾、胃炎、溃疡、哮喘、疮癞、牛皮癣、风湿关节痛、腰痛等；内服需久煎，外用可用鲜草捣汁或煎水洗；水浸液可防治菜青虫、黏虫、小麦枯斑病。

03 石龙芮 *Ranunculus sceleratus* L.

毛茛属

一年生或二年生草本。根呈束状，茎中空。叶宽卵形，3 深裂，基生叶和茎下部叶有长柄。花序常生多花，花黄色；萼片 5，淡绿色，外被绢状柔毛；花瓣倒卵状椭圆形。聚合果长圆形。花果期 5 ～ 9 月。见于白洋淀淀边湿地或浅污泥中。产于河北邯郸、沙河、滦南、迁西、赞皇、蔚县等地。全国各地均有分布。含原白头翁素，有毒；药用能消结核、截疟及治痈肿、疮毒、蛇毒和风寒湿痹。

十五、芍药科 Paeoniaceae

01 芍药 *Paeonia lactiflora* Pall.

芍药属

多年生草本。茎具纵条纹，近顶部分枝。叶互生，近革质，二回三出复叶，羽片 3，中央羽片有长柄，三全裂或三出。花 1 至数朵生于茎顶部或分枝顶端，花大，直径 9 ～ 13cm，白色或带粉红色；雄蕊多数，花药黄色；心皮 2 ～ 5，无毛，柱头暗紫色。果卵形或椭圆形。花期 5 ～ 6 月，果期 9 月。见于白洋淀景区栽培。河北各地均有栽培。生山坡、山沟、杂木林下。根入药，多作白芍用。

02 牡丹 *Paeonia suffruticosa* Andr.

芍药属

落叶小灌木。二回三出复叶，羽片 3，小叶倒卵形至宽椭圆形，小叶二回三裂；叶上部绿色，下面有白粉。花大，单生枝顶；萼片 5，绿色；花瓣 5 或为重瓣，白色、红紫色或黄色，先端常 2 浅裂；心皮 5，成熟时开裂，顶端有嘴。花期 5 月，果期 6 月。见于白洋淀景区栽培。河北各地均有栽培，品种极多。我国特有的木本名贵花卉，有数千年自然生长和人工栽培历史。根皮药用，名丹皮，为镇痉药，有凉血散瘀的功效；花大美丽，可供观赏。

十六、木兰科 Magnoliaceae

玉兰 *Magnolia denudata* Desr.

木兰属

落叶乔木。叶倒卵形、宽倒卵形或倒卵状椭圆形，叶上深绿色，下面淡绿色。花蕾卵圆形，花先叶开放，直立，芳香；花梗显著膨大，密被淡黄色长绢毛；花被片 9 片，白色，基部常带粉红色，近相似，长圆状倒卵形；雄蕊、雌蕊多数。聚合果圆柱形，褐色，具白色皮孔；种子心形，外种皮红色，内种皮黑色。花期 2 ～ 3 月，果期 8 ～ 9 月。见于白洋淀景区栽培。河北各地均有栽培。中国著名花木，南方早春重要观花树木。玉兰花外形极像莲花，盛开时，花瓣展向四方，使庭院青白片片，白光耀眼，具有很高的观赏价值，为美化庭院的理想花型。

十七、罂粟科 Papaveraceae

01 秃疮花 *Dicranostigma leptopodum* (Maxim.) Fedde

秃疮花属

二年生草本。植物体含淡黄色汁液。茎多数，丛生。基生叶莲座状，具不规则羽状裂；茎生叶苞片状，羽状中裂。伞房花序；萼片绿色，花开时即脱落；花瓣倒卵形，淡黄色。蒴果长圆柱形；种子棕褐色，表面具网纹。花期 4 ～ 6 月，果期 7 ～ 8 月。见于白洋淀烧车淀周边。生于路边草地、田埂、水渠边等地。产于河北临城、内丘、磁县、涉县。分布于我国山西、河南、陕西、甘肃、新疆、四川、云南等地。全草供药用，能清热解毒、消肿、止痛、杀虫。

02 地丁草 *Corydalis bungeana* Turcz.

紫堇属

多年生草本。基生叶和茎下部叶具长柄；叶片轮廓卵形，一回裂片 2 ～ 3 对，灰绿色。总状花序；苞片叶状，羽状深裂；萼片近三角形；花瓣淡紫色，内面顶端具紫斑。蒴果长圆形。花果期 4 ～ 7 月。见于白洋淀湿地木栈道附近。生荒地、山麓、平原。产于河北承德、武安、青县、蔚县、灵寿、平山、赞皇、内丘、易县西陵镇、遵化东陵满族乡、小五台山。分布于我国黑龙江、吉林、辽宁、内蒙古、山西、陕西、甘肃、山东、江苏等地。全草药用，有清热解毒功效。

十八、十字花科 Cruciferae

芸薹（油菜）*Brassica campestris* L.

芸薹属

一年生或二年生草本。无毛，微带粉霜。茎不分枝或分枝。基生叶大头羽状分裂；下部茎生叶羽状半裂，基部扩展且抱茎；上部茎生叶提琴形或披针形，基部心形，抱茎，两侧有垂耳。疏散总状花序；萼片4，绿色；花瓣4，鲜黄色，倒卵形，全缘，具长爪。长角果条形，先端具一长喙；种子球形，紫褐色。花期3～5月，果期4～6月。见于白洋淀农田和村旁。河北各地有栽培。分布于我国江苏、安徽、浙江、江西、湖北、湖南、陕西、四川等地。主要油料作物和蜜源植物；嫩茎叶和总花梗可作蔬菜；种子药用，能行血散结消肿；叶可外敷消痛肿；油菜花盛开时也是一道亮丽的风景线，生态旅游价值高。

白菜 *Brassica pekinensis* (Lour.) Rupr.

芸薹属

二年生草本。基生叶多数，倒卵状长圆形至宽倒卵形，宽不及长的一半，边缘皱缩，波状，有时具不明显牙齿；叶柄白色，扁平，边缘有具缺刻的宽薄翅。花鲜黄色，花瓣倒卵形。长角果较粗短；种子球形。花期 5 月，果期 6 月。多见于白洋淀各村镇庭院。原产我国华北，河北及全国各地栽培。我国东北及华北冬、春季主要蔬菜。生食、炒食、盐腌、酱渍均可；外层脱落的叶可作饲料。

03 匙荠 *Bunias cochlearioides* Murr.

匙荠属

二年生草本。茎自基部分枝，无毛。基生叶有长柄，羽状深裂，顶裂片大；茎生叶无柄，长圆形或长圆状倒披针形，具波状或深波状牙齿，基部有明显耳，半抱茎。总状花序顶生，稠密；花白色，萼片广椭圆形或长圆形；花瓣倒卵状椭圆形，基部突然变狭成短爪。短角果圆卵形，不开裂；种子圆形，黄褐色。花期 5 ～ 6 月，果期 6 ～ 7 月。见于白洋淀淀边。生于潮湿地方。产于河北安新县等地。分布于我国东北、华北、西北等地。花具有观赏价值。

04 荠 *Capsella bursa-pastoris* (L.) Medic.

荠属

一年生或二年生草本。无毛、有单毛或分叉毛。茎直立，单一或从下部分枝。基生叶丛生莲座状，大头羽状分裂；茎生叶窄披针形，基部抱茎，边缘有缺刻或锯齿。总状花序；萼片长圆形；花瓣白色，卵形。短角果倒三角形或倒心状三角形；种子 2 行，长椭圆形。花果期 4 ～ 6 月。见于白洋淀各村镇。生于山坡、田边或路旁。河北广布。分布几遍全国。全草入药，有凉血、止血、清热明目、消积的功效；茎叶可作蔬菜食用；种子油可供制油漆及肥皂用。

05 播娘蒿 *Descurainia sophia* (L.) Webb. ex Prantl

播娘蒿属

一年生草本。茎直立，有分枝。叶三回羽状深裂，末端裂片条形或长圆形，下部叶有柄，上部叶无柄。花序伞房状，果期伸长；萼片直立，早落，长圆条形，背面有分叉细柔毛；花瓣黄色，长圆状倒卵形，具爪；雄蕊6枚，比花瓣长1/3。长角果窄线形，淡黄绿色，无毛；种子长圆形至卵形。花果期5～8月。见于白洋淀各村镇。生于路边、沟边、田埂或农田。河北广布。除华南外广布全国各地。种子入药，有利尿、消肿、祛痰、定喘的功效；种子油可供工业用。

06 小花糖芥 *Erysirmum cheiranthoides* L.

糖芥属

一年生或二年生草本。茎直立，分枝或不分枝，有棱角，具2叉毛。基生叶莲座状，无柄，平铺地面，大头羽状浅裂；茎生叶披针形或线形。总状花序顶生；萼片长圆形或线形，外面有3叉毛；花瓣浅黄色，长圆形，顶端圆形或截形，下部具爪。长角果圆柱形，果梗粗；种子卵形，淡褐色。花期5月，果期6月。见于白洋淀各地。生于路旁或荒地。产于河北各地。分布于我国吉林、辽宁、内蒙古、河北、山西、山东、河南、安徽、江苏、湖北、湖南、陕西、甘肃、宁夏、新疆、四川、云南等地。全草药用，有强心作用；种子油可供工业用。

07 独行菜 *Lepidium apetalum* Willd.

独行菜属

一年生或二年生草本。茎直立或斜升，多分枝，被微小头状毛。基生叶莲座状，平铺地面，羽状浅裂或深裂，叶片狭匙形；茎生叶狭披针形至条形，有疏齿或全缘。总状花序顶生，花极小；萼片舟状，椭圆形，无毛或被柔毛，具膜质边缘；花瓣匙形，白色。短角果近圆形或宽椭圆形；种子椭圆形，棕红色，平滑。花果期 5 ～ 7 月。见于白洋淀各地。生于田边、沟边、路旁或村旁附近。产于河北各地。分布于我国东北、华北、西北、西南等地。嫩叶可作野菜食用；全草及种子药用，有利尿、止咳、化痰的功效；种子也可榨油。

08 豆瓣菜 *Nasturtium officinale* R. Br.

豆瓣菜属

多年生水生草本。全株光滑无毛。茎匍匐或浮水生，多分枝，节上生不定根。奇数大头羽状复叶，小叶 1 ～ 4 对，小叶片卵形或宽卵形。总状花序顶生，花多数；萼片长卵形；花瓣白色，倒卵形，顶端圆，基部渐狭成细爪。长角果长圆形；种子卵形，红褐色，表面具网纹。花期 4 ～ 5 月，果期 6 ～ 7 月。见于白洋淀岸边。生于水中、水沟边、沼泽地或水田。产于河北石家庄、邢台、邯郸、蔚县、涿鹿、赤城、易县。分布于我国河南、陕西、江苏等地。作蔬菜食用；全草入药，有清血、解热、镇痛的功效；种子油可供工业用。

09 诸葛菜 *Orychophragmus violaceus* (L.) O. E. Schulz

诸葛菜属

一年生或二年生草本。无毛，有粉霜。茎单一，直立，基部或上部稍有分枝，浅绿色或带紫色。基生叶和下部叶具叶柄，大头羽状分裂；上部叶矩圆形，不裂，抱茎。总状花序顶生；花紫色、浅红色或褪成白色；花萼筒状，紫色；花瓣宽倒卵形，密生细脉纹。长角果条形，具4棱，裂瓣有1突出中脊；种子卵形至长圆形，黑棕色，有纵条纹。花期4～5月，果期5～6月。见于白洋淀路边或林缘。生于平原、山地、路旁或地边。产于河北邢台、武安、迁西、井陉、赞皇、山海关。分布于我国辽宁、山西、山东、甘肃、河南、安徽、江苏、浙江、江西、湖北、四川等地。嫩茎叶作野菜食用；种子可榨油食用；可作观赏花卉。

10 萝卜 *Raphanus sativus* var. *sativus* L.

萝卜属

二年生或一年生草本。直根肉质，长圆形、球形或圆锥形，外皮绿色、白色或红色。茎有分枝。基生叶和下部茎生叶大头羽状半裂，顶裂片卵形，侧裂片圆形，上部叶长圆形。总状花序顶生及腋生；花白色或粉红色。长角果圆柱形。花期 4 ～ 5 月，果期 5 ～ 6 月。白洋淀岸边种植。全国各地普遍栽培。根可作蔬菜食用；种子、鲜根、枯根、叶皆可入药，种子可消食化痰；鲜根可止渴、助消化，枯根可利尿排便；叶治初痢，并预防痢疾；种子榨油可供工业用及食用。

风花菜 *Rorippa globosa* (Turcz.) Hayek.

蔊菜属

一年生或二年生粗壮草本。植株被白色硬毛或近无毛。茎直立，基部木质化，下部被白色长毛，上部近无毛。茎下部叶具柄，上部叶无柄，叶片长圆形或倒卵状披针形，基部抱茎。总状花序多数，圆锥花序式排列；花黄色，萼片 4，长卵形；花瓣倒卵形。短角果球形，果梗纤细；种子扁卵形，淡褐色。花期 4 ～ 6 月，果期 7 ～ 9 月。见于白洋淀各地。生于路旁、沟边、河岸或湿地。产于河北各地。分布于我国东北、华北、华南等地。全草药用，有补肾、凉血作用；种子油可供食用；嫩株可作饲料。

十九、景天科 Crassulaceae

八宝景天 *Hylotelephium erythrostictum* (Miq.) H. Ohba

八宝属

多年生草本。块根胡萝卜状。叶对生，少有互生或轮生，长圆形至卵状长圆形，边缘有疏锯齿，无柄。伞房状花序顶生，花密生；花瓣 5，白色或粉红色；雄蕊 10，花药紫色；心皮 5，基部几分离。花果期 8 ～ 10 月。见于白洋淀景区栽培。生山坡草地或沟边。产河北迁西、遵化东陵满族乡、兴隆雾灵山。全国各地广为栽培。全草药用，有清热解毒、散瘀消肿之效；成片栽植做护坡地被植物或观赏用。

垂盆草 *Sedum sarmentosum* Bge.

景天属

多年生草本。茎平卧，细弱，节处生不定根。叶 3 枚轮生，倒披针形或长圆形，先端近急尖，基部常短距状，全缘；无柄。卷伞花序短而少花，花鲜黄色；雄蕊 10；心皮 5。蓇葖果。花期 5～6 月，果期 7～8 月。见于白洋淀景区栽培。生山坡、沟边、路旁湿润处。产河北武安、灵寿。全国各地广为栽培。全草药用，有清热解毒、消肿排脓功效。

二十、虎耳草科 Saxifragaceae

扯根菜 *Penthorum chinense* Pursh

扯根菜属

多年生草本。茎红紫色。叶无柄或近无柄，披针形或狭披针形，边缘有细锯齿。花序顶生，数枝蝎尾状聚伞花序成伞形，花偏向一侧；苞片卵形或钻形；花梗短；花萼黄绿色，三角状卵形，基部合生；无花瓣；雄蕊 10；心皮 5，柱头扁球形。蒴果五角形，红紫色，5 短喙呈星状斜展。花果期 7 ～ 9 月。见于白洋淀南六村路边。生于水边湿地。产于河北新乐、北戴河、赞皇；北京金山等；天津蓟县盘山。分布于我国黑龙江、吉林、辽宁、山西、陕西、甘肃、河南、山东、江苏、浙江、安徽、江西、湖北、湖南、云南、贵州、四川等地。苗叶可食；全草民间供药用，有消肿、利尿、祛瘀、行气的功效。

二十一、蔷薇科 Rosaceae

金焰绣线菊 *Spiraea* × *bumalda* cv. Gold Flame

绣线菊属

落叶灌木。单叶互生，具锯齿、缺刻或分裂，羽状脉或 3 ～ 5 出脉。花两性，稀杂性；花序伞形、伞房或圆锥状；萼筒钟状，萼片 5，花瓣 5；雄蕊着生花盘外缘；心皮 5，离生。蓇葖果 5，常沿腹缝开裂。花期 6 ～ 9 月，果期 9 ～ 10 月。见于白洋淀景区道边栽培。河北各地均有栽培。原产美国，我国各地引种栽培。叶色有丰富的季相变化，供观赏。

02 珍珠梅（华北珍珠梅）*Sorbaria sorbifolia* (L.) A. Br.

珍珠梅属

落叶灌木。奇数羽状复叶，小叶 13 ～ 17，无柄，披针形，边缘具尖锐重锯齿；托叶线状披针形。大型圆锥花序；苞片线状披针形，边缘有腺毛；萼片半圆形，宿存，反折；花白色。果长圆形。花期 5 ～ 8 月，果期 8 ～ 9 月。见于白洋淀景区道边栽培。生山坡向阳处及杂木林中。产河北涿鹿杨家坪、蔚县小五台山、涞源白石山。分布于我国内蒙古、山西、山东、河南、陕西、甘肃等地。花、叶清丽，花期长，供观赏。

03 贴梗海棠 *Chaenomeles speciosa* (Sweet) Nakai

木瓜属

灌木。枝条常具刺，小枝紫褐色或黑褐色，无毛。叶片卵形至椭圆形，边缘有锯齿，两面光滑；托叶肾形或半圆形。花先于叶开花，一般 3 朵成簇，花梗短；萼筒钟状，先端圆钝；萼片直立，内面密生柔毛；花瓣猩红色；雄蕊多数；花柱 5，基部合生。果实球形或卵圆形，黄色或黄绿色，萼片脱落。花期 3 ～ 5 月，果期 9 ～ 10 月。白洋淀庭院有栽培。河北各地有栽培。可观赏，也可食用和药用，有祛风化湿、舒经活络、镇痛、消肿的功效。

04 山里红 *Crataegus pinnatifida* Bge. var. *majar* N. E. Brown

山楂属

乔木。枝刺较少，小枝紫褐色，老枝灰褐色。叶片宽卵形或三角状卵形，常有 3 ～ 5 对羽状深裂片，裂片卵形至卵状披针形，边缘有稀疏不规则重锯齿，上面无毛，下面沿中脉和脉叶处有毛；托叶不规则半圆形或卵形，缘有粗齿。伞房花序多花，花总梗及花梗皆有毛；萼筒钟状，外面密被白色柔毛；雄蕊 20；花柱 3 ～ 5。果实近球形，深红色，有浅色斑点，萼片宿存。花期 5 ～ 6 月，果期 9 ～ 10 月。白洋淀有栽培。河北各地普遍栽培。可观赏；可生吃或蜜制成果脯；干后入药，有消积化滞、降血压、降血脂的功效。

草莓 *Fragaria×ananassa* Duch.

05 草莓属

多年生草本。根状茎短，分枝或不分枝。茎直立，花后产生匍匐茎，具长柔毛。掌状三出复叶；基生叶大，有 10 ～ 30cm 长叶柄；小叶草质，边缘有粗锯齿。聚伞花序或花簇生；副萼片与萼片近等长；花瓣白色。由多数瘦果形成的聚合果较大，直径 2 ～ 3cm。花期 4 ～ 6 月，果期 6 ～ 8 月。白洋淀有栽培。河北、北京、天津均有栽培。果实多汁，味酸甜，可供生食、酿酒、制果酱及罐头。

蛇莓 *Duchesnea indica* (Andr.) Focke

蛇莓属

多年生草本。有长匍匐茎，全体被白色绢毛。小叶片菱状卵圆形或倒卵圆形，基部宽楔形，边缘有钝圆锯齿。单生叶腋；副萼片比萼片宽，花后反折；萼片5；花瓣5，黄色。瘦果扁圆形，聚合果暗红色。花期4～7月，果期5～10月。见于白洋淀湿地沿岸。生山坡阴湿处、水边、田边、沟边、草丛和林中。产河北武安、阜平、平山、磁县、涉县、围场等地。全国大多省、市、自治区均有分布。常栽培作地被植物；果可食用；全草入药，有清热解毒、化痰镇痛功效。

翻白草 *Potentilla discolor* Bge.

委陵菜属

多年生草本。根状茎木质化，基部有少数棕褐色残余托叶。茎、叶柄和花序密生白色绒毛。奇数羽状复叶；基生叶有小叶（5）7～9，叶柄长5～8cm，托叶三角状披针形；茎生叶小叶多为3，近无柄，对生稀互生，顶生小叶较大，边缘有圆钝粗锯齿，上面深绿色，微有长柔毛或近无毛，下面密生白色绒毛。伞房状聚伞花序；花梗与花萼密生白色绒毛和疏生长柔毛；花瓣黄色，花托内生柔毛。瘦果，花柱近顶生，比果实稍短。花期5～7月，果期6～9月。见于白洋淀大王镇、大田庄村等地。生于路边、草丛、山坡或山谷。产于河北秦皇岛、唐山、邢台、石家庄等地。分布于我国黑龙江、吉林、山西、陕西、山东、安徽、浙江、福建、江西、河北、河南、湖北、湖南、广东、四川。带根全草入药，能解热、止血、止痢、消肿。

08 朝天委陵菜 *Potentilla supina* L.

委陵菜属

一年生或二年生草本。茎平展或外倾，自基部有多数分枝，茎、叶柄和花梗疏生长柔毛。奇数羽状复叶，基生叶和茎下部叶有长柄，叶面绿色，被稀疏柔毛或脱落几无毛。下部花自叶腋生，顶端呈伞房状聚伞花序；萼片三角卵形，副萼片披针形；花瓣淡黄色，倒卵圆形；花柱近顶生，基部乳头状膨大，花柱扩大。瘦果长圆形，先端尖，表面具脉纹。花果期 3 ～ 10 月。见于白洋淀各地。生于田边、荒地、河岸沙地、草甸或湿地。产于河北唐山、秦皇岛、保定、石家庄等地。分布于我国河南、江苏、浙江、安徽、江西、湖北、湖南、广东、四川、贵州、云南、西藏等地。全株入药，有清热解毒、凉血、止痢的功效。

09 杏 *Armeniaca vulgaris* Lam.

杏属

落叶乔木。小枝褐色或红紫色。叶片卵圆形，先端尾尖，边缘钝锯齿；叶柄近顶端处有 2 腺体。花单生，先叶开放；萼筒圆筒形，紫红绿色；花瓣白色或浅粉红色。核果球形，黄白色至黄红色，常具红晕。花期 4 ～ 5 月，果期 6 ～ 7 月。见于白洋淀景区栽培。我国北方各地普遍栽培，尤以华北、西北和华东地区种植较多。花可观赏；果可食用。

10 红花碧桃 *Prunus persica* L.var *persica* f. *rubro-plena* Schneid.

李属

落叶乔木。芽 2 ～ 3，并生，中间的芽为叶芽，其余为花芽。叶椭圆披针形，边缘有较密的锯齿；叶柄具腺点。花常单生，先叶开放；萼筒钟状；萼片卵圆形；花瓣粉红色。核果近球形，表皮被绒毛，核表面具沟和皱纹。花期 4 ～ 5 月，果期 6 ～ 9 月。见于白洋淀景区栽培。河北各地普遍栽培。分布于我国山西、山东、陕西、甘肃、贵州、浙江、江苏、安徽、江西、云南、四川等地。果可供生食或加工用；核仁可食，并供药用。

李 *Prunus salicina* Lindl.

李属

落叶乔木。枝条幼时带灰绿色，后变为红褐色，无毛。叶片倒卵圆形，先端渐尖，基部楔形，边缘具圆钝重锯齿；叶柄近顶端有数个腺点。花常 3 朵簇生，花直径约 2cm；花瓣白色。核果表面具深槽，外被蜡粉；核具皱纹。花期 4 ～ 5 月，果期 7 ～ 8 月。见于白洋淀景区栽培。河北各地习见栽培。分布于我国辽宁、吉林、陕西、甘肃、河南、山东、山西、贵州、湖南、湖北、江西、江苏、安徽、云南、四川、广东、广西等地。果可鲜食；核仁入药，有润肠利水的功效。

12 榆叶梅 *Amygdalus triloba* (Lindl.) Ricke

桃属

落叶灌木，稀小乔木。嫩枝无毛或微被毛。叶宽卵形至倒卵圆形，先端渐尖，常 3 裂，边缘具重锯齿，上面具稀疏毛或无毛，下面被短柔毛；叶柄有短柔毛。花 1 ～ 2，先叶开放，直径 2 ～ 3cm；萼筒宽钟形，萼片有细锯齿；花瓣粉红色；雄蕊 20，子房密被短柔毛。核果近球形，红色，被毛；果肉薄，成熟时开裂，核具厚硬壳。花期 3 ～ 4 月，果期 5 ～ 6 月。白洋淀有栽培。常见于河北各地公园及庭院栽培。分布于我国黑龙江、山西、山东等地。观赏植物。

13 月季花 *Rosa chinensis* Jacq.

蔷薇属

常绿或半常绿直立灌木。小枝具钩状基部膨大的皮刺，无毛。奇数羽状复叶，小叶3～5（7），宽卵形或卵状长圆形，两面无毛；叶柄与叶轴疏生皮刺及腺毛；托叶大部分与叶柄连生，边缘有腺毛和羽状裂片。花单生或数朵聚生成伞房状；花重瓣，紫红色或粉红色，稀白色；花柱离生，子房被柔毛，长约为雄蕊的一半。蔷薇果，萼片宿存。花期5～6月，果期9月。白洋淀庭院有栽培。河北、北京、天津等地庭院均有栽培。我国华北以南普遍栽培。花含精油，可供制香水及糕点；花、叶及根可供药用，能活血祛瘀、散毒消肿、调经。

多花蔷薇 *Rosa multiflora* Thunb.

蔷薇属

落叶灌木。枝细长，攀缘，有基扁的钩状皮刺。奇数羽状复叶，互生，小叶 5～7(9)，倒卵状圆形至长圆形；托叶羽状分裂，边缘有腺毛。伞房花序圆锥状顶生，花多数，芳香，直径 2～3cm；萼片三角状卵形，先端尾尖；花瓣白色，倒卵形，先端微凹。蔷薇果球形，红褐色。花期 5～6 月，果期 8～9 月。见于白洋淀景区。河北各地庭院常见栽培。我国江苏、山东、河南等地均有分布。鲜花含精油，可供食用或制作化妆品及皂用香精；花、果、叶及根均可入药；根皮含丹宁，可提栲胶；庭院常用作绿篱及绿化植物。

15 七姊妹 *Rosa multiflora* Thunb. var. *carnea* Thory

蔷薇属

为多花蔷薇的变种。茎多直立，有皮刺。叶较大；花重瓣，深粉红色，常 6 ～ 7 朵簇生在一起成扁平伞房花序，具芳香。花期 6 ～ 9 月，果期 9 ～ 10 月。见于白洋淀湿地木栈道周边。河北各地多栽培。分布于我国黄河流域。常用于庭院造景，也是优良的垂直绿化材料；可植于山坡、堤岸做水土保持用。

16 玫瑰 *Rosa rugose* Thunb.

蔷薇属

落叶直立灌木。枝干粗壮，丛生，密生短绒毛，有皮刺和针刺，刺细长。奇数羽状复叶，小叶 5 ～ 9，椭圆形或椭圆状倒卵形；叶柄疏生小皮刺和腺毛；托叶披针形，大部分与叶柄连生，边缘有细锯齿，两面有短绒毛。花单生或 3 ～ 6 朵簇生于枝顶，密生短绒毛和腺毛；萼片卵状披针形，先端微尖，常扩大成叶状；花瓣紫红色或白色，雄蕊多数，不等长；花柱有柔毛。蔷薇果，红色，萼片宿存。花期 5 ～ 6 月，果期 7 ～ 8 月。白洋淀庭院及路边有栽培。全国各地均有栽培。鲜花瓣含精油约 0.03%，可制香水、香皂、香精、薰茶，也可酿酒；花、根可供药用，有理气活血及收敛作用；果实含维生素 C，每百克含 579.17mg，可食用及药用；种子含油量约 14%。庭院多栽培，供观赏。

二十二、豆科 Leguminosae

01 合欢 *Albizia julibrissin* Durazz.

合欢属

落叶乔木。树冠开展，小枝有棱角。托叶线状披针形，早落；二回羽状复叶，互生。头状花序于枝顶排成圆锥花序；花粉红色，花萼管状，雄蕊多数，淡红色，基部合生，花丝细长；子房上位，花柱几与花丝等长。荚果条形，扁平，不裂，嫩荚有柔毛，老荚无毛。花期 6 ～ 7 月，果期 8 ～ 10 月。见于白洋淀圈头乡、端村镇等地。河北各地广泛栽培，山谷、平原偶见有自然生长。我国辽宁、河南、陕西等地均有分布。可植于庭院水池畔，多为绿荫树、行道树；对氯化氢、二氧化氮抗性强，对二氧化硫、氯气有一定抗性；树皮及花可供药用，有安神解郁、活血止痛、开胃利气的功效。木材可供制家具、农具、建筑、造船之用。合欢树阴阳有别，被称为敏感性植物，被列为地震观测的首选树种。

紫穗槐 *Amorpha fruticosa* L.

紫穗槐属

落叶灌木。丛生，小枝灰褐色。奇数羽状复叶，小叶顶端具短而弯曲的尖刺，叶片背面具黑色腺点。穗状花序常1至数个顶生和枝端腋生，密被短柔毛；蝶形花，旗瓣心形，紫色，无翼瓣和龙骨瓣。荚果下垂，表面有突起的疣状腺点。花果期5～10月。见于白洋淀圈头乡。适应性强，生境多样。河北各地均有栽培。全国各地广布。优良的绿肥、蜜源和饲用植物。

黄芪 *Astragalus membranaceus* (Fisch.) Bge.

黄芪属

高大草本。主根肥厚，木质，常分枝，灰白色。茎直立，上部多分枝，有长柔毛。奇数羽状复叶；小叶椭圆形或长圆状卵形，先端钝圆或微凹，基部圆形，上面绿色，近无毛，下面被伏贴白色柔毛。总状花序腋生；花冠白色或浅黄色，旗瓣无爪，翼瓣、龙骨瓣有长爪。荚果膜质，膨胀，卵状长圆形，顶端具刺尖，两面被白色或黑色细短柔毛；种子3～8粒。花期6～8月，果期7～9月。见于白洋淀大阳村、端村镇。生于向阳山坡或草丛。产于河北蔚县、武安梁沟。我国东北、华北及西北地区均有分布。根药用，有补气升阳、益卫固表、利水消肿、托疮生肌等功效，药用价值极高，我国大面积种植。

糙叶黄芪 *Astragalus scaberrimus* Bge.

黄芪属

多年生草本。密被白色伏贴毛。根状茎短缩，多分枝，木质化。奇数羽状复叶，小叶7～15，椭圆形或近圆形，有时披针形，基部宽楔形或近圆形，两面密被伏贴毛。总状花序基部腋生，花3～5朵，白色或淡黄色。荚果披针状长圆形，微弯，具短喙。花期4～8月，果期5～9月。见于白洋淀北六村。生于山坡、路旁或荒地。产于河北各地。我国东北、华北及西北地区均有分布。可作牧草及水土保持植物。

05 紫荆 *Cercis chinensis* Bge.

紫荆属

落叶乔木或灌木。树皮和小枝灰白色。叶纸质，近圆形或三角状圆形，先端急尖，基部浅至深心形，两面通常无毛。花紫红色或粉红色，簇生老枝和主干，常先于叶开放，但嫩枝或幼株上的花与叶同时开放；龙骨瓣基部具深紫色斑纹。荚果扁狭长形，绿色，先端急尖或短渐尖，喙细而弯曲，基部长渐尖；种子阔长圆形，黑褐色，光亮。花期 3 ～ 4 月，果期 8 ～ 10 月。见于白洋淀景区栽培。产于我国东南部，北至河北，南至广东、广西，西南至云南、四川，西北至陕西，东至浙江、江苏和山东等地。宜栽于庭院、草坪、岩石及建筑物前，园林绿化树种。树皮入药，有清热解毒、活血行气、消肿止痛的功效；花可治风湿筋骨痛；果实（紫荆果）可用于咳嗽、孕妇心痛的治疗。

06 野大豆 *Glycine soja* Sieb. et Zucc.

大豆属

一年生缠绕性草本。三出羽状复叶，叶柄被浅黄色硬毛；小叶具短尖头，基部常偏斜，密被棕褐色硬毛。总状花序花梗密生黄色长硬毛；苞片披针形；花萼钟状，密生长毛，裂片三角状披针形，先端锐尖；蝶形花冠淡红紫色或白色。荚果线状长椭圆形，略弯曲；种子椭圆形，褐色至黑色。花期 7 ～ 8 月，果期 8 ～ 10 月。见于白洋淀端村镇。生于河岸、沼泽地、湿草地或灌丛。产于河北各地。国家二级保护植物，我国东北、华北、华东等地均有分布。全株为家畜喜食饲料，可作牧草、绿肥和水土保持植物；种子、根、茎及叶均可入药。

07 狭叶米口袋 *Gueldenstaedtia stenophylla* Bge.

米口袋属

多年生草本。主根细长。分枝缩短，具宿存托叶。羽状复叶，小叶 7 ～ 19，早春生的小叶卵形，夏、秋季的叶线形或长圆形。伞形花序具 2 ～ 3（4）蝶形花；花萼筒钟状；花冠粉红色。荚果圆筒形；种子肾形，具凹点。花期 4 ～ 5 月，果期 5 ～ 7 月。见于白洋淀留通村。生于河滩沙地、阳坡草地、田边或路旁。产于河北迁西、永清、易县、赞皇、大名等地。我国山东、河南、江苏、陕西等地均有分布。全草入药，有清热解毒的功效。

08 米口袋 *Gueldenstaedtia multiflora* Bge.

米口袋属

多年生草本。主根圆锥状。茎缩短，在根茎上丛生。奇数羽状复叶丛生于茎顶端；小叶 9 ~ 12，椭圆形到长圆形，卵形到长卵形，有时披针形，顶端小叶有时倒卵形，早生叶被长柔毛，后生叶毛稀疏，甚几至无毛。伞形花序顶端有花 6 ~ 8 朵；花萼钟状，被贴伏长柔毛；花冠紫红色。荚果圆筒状，被长柔毛；种子三角状肾形。花期 4 ~ 5 月，果期 5 ~ 6 月。见于白洋淀黄湾村。生于山坡、草地、田边或路旁。产于河北沙河、迁西、大名、涉县、青龙满族自治县等地。我国山东、江苏、湖北、陕西等地均有分布。全草入药，有清热解毒的功效。

达乌里胡枝子 *Lespedeza davurica* (Laxm.) Schindl.

胡枝子属

草本状半灌木。茎单一或数个簇生，通常稍斜升。羽状三出复叶，小叶披针状长圆形，先端圆钝，有短刺尖。总状花序腋生；萼筒杯状，萼齿刺具曲状；花冠蝶形，黄白色至黄色。荚果包于宿存萼内，倒卵形或长倒卵形，两面突出，伏生白色柔毛。花期 7 ～ 8 月，果期 9 ～ 10 月。见于白洋淀圈头乡桥南村。生于干旱山坡、丘陵坡地、沙地。产于河北各地。我国东北、华北、西北多有分布。优等饲用植物；全草入药，能解表散寒；也可作改良干旱、退化或趋于沙化草场的材料。

10 阴山胡枝子（白指甲花）*Lespedeza inschanica* (Maxim.) Schindl.

胡枝子属

灌木，高达1m。茎直立，分枝多，下部近无毛，上部被短柔毛。羽状复叶具3小叶；小叶长圆形或倒卵状长圆形，先端钝圆或微凹，基部宽楔形或圆形，上面近无毛，下面密被伏毛，顶生小叶较大。总状花序腋生，具2～6朵花；小苞片长卵形或卵形，背面密被伏毛；花冠白色，旗瓣基部有紫斑，反卷；无瓣花密生于叶腋。荚果扁椭圆形，包于萼内，有白毛。花期8～9月，果期10月。见于白洋淀端村镇。生于路边草丛。产于河北承德、张家口。我国山西、内蒙古、山东等地均有分布。可作饲用植物或绿肥。

11 紫花苜蓿 *Medicago sativa* L.

苜蓿属

多年生草本。茎直立、丛生以至平卧，四棱形，无毛或微被柔毛，枝叶茂盛。羽状三出复叶；小叶长卵形、倒长卵形至线状卵形，叶缘上部有锯齿；托叶大，卵状披针形。总状花序腋生，花较密集，近头状；花冠蓝紫色或紫色，长于花萼。荚果螺旋形，先端有喙。花果期 5 ～ 8 月。见于白洋淀圈头乡、端村镇、大王镇。生于田边、荒地或路旁。河北各地均有栽培。我国广泛引种。优良饲料和牧草，也可作绿肥；根可入药。

12 黄香草木犀 *Melilotus officinalis* (L.) Desr.

草木犀属

一年生或二年生草本。有香气。茎直立。羽状复叶，小叶 3，边缘具疏齿。总状花序腋生；花萼钟状，萼齿三角形；花冠黄色，旗瓣与翼瓣近等长。荚果椭圆形，网脉明显；种子 1 粒。花期 5 ～ 9 月，果期 6 ～ 10 月。见于白洋淀大阳村。生于路边、宅旁或山坡荒地。产于河北承德、迁西、蔚县小五台山等地。我国东北、华北、西北等地均有分布。可作优良牧草和饲料，也可作绿肥及蜜源植物。

扁蓿豆 *Melissitus ruthenicus* (L.) C. W. Chang

扁蓿豆属

多年生草本。三出复叶，小叶倒先端圆形或截形，基部楔形，边缘有锯齿。总状花序具3～8朵花；花冠蝶形，黄色，具紫纹。荚果扁平，长圆形；有种子2～4粒。花期7～8月，果期8～9月。见于白洋淀南河村。扁蓿豆为广幅旱生多年生牧草，野生状态可见半匍匐与直立丛生两种类型，前者分布于水分较好的湿润地区，后者多见于干旱坡地及沙质地。产于河北赤城、围场、沽源等地。我国吉林、辽宁、内蒙古、河北等地均有分布。优等牧草。

14 刺槐 *Robinia pseudoacacia* L.

刺槐属

落叶乔木。树皮灰褐色至黑褐色。具托叶刺。羽状复叶，叶轴上面具沟槽。总状花序下垂，芳香；花冠白色。荚果扁平，褐色，具红褐色斑纹；种子褐色。花期 5 ～ 7 月，果期 8 ～ 10 月。见于白洋淀大王镇。生境多样，适应性强。原产北美。全国各地广泛栽植。供观赏，栽为行道树；木质坚硬可做枕木、农具；叶为家畜饲料；刺槐花可食用，蜜源植物；优良水土保持树种；幼芽及幼叶有止血的功效。

15 槐 *Sophora japonica* L.

槐属

落叶乔木。奇数羽状复叶，小叶 7 ～ 17，对生或近互生，卵状披针形或卵状长圆形，下面灰白色，初被疏短柔毛，旋变无毛；小托叶 2 枚，钻状。顶生圆锥花序；花黄白色，旗瓣具短爪，有紫脉。荚果念珠状，不开裂，先端有细尖喙状物。花期 6 ～ 7 月，果期 8 ～ 10 月。多见于白洋淀各村镇道旁。喜生于肥厚土壤上。原产我国，河北各地普遍栽培。全国各地均有分布。树形优美，为庭院、行道绿化树种；木材可供建筑及家具用；重要蜜源植物。花和荚果可入药，有清凉收敛、止血降压的作用；叶和根皮有清热解毒的作用；种仁含淀粉，可供酿酒也可作糊料、饲料；皮、枝叶、花蕾、花及种子均可入药。

16 龙爪槐 *Sophora japonica* var. *japonica* f. *pendula* Hort.

槐属

乔木，树皮灰褐色，具纵裂纹。粗枝扭转斜向上伸，小枝下垂。羽状复叶，叶柄基部膨大，小叶纸质，先端具小尖头。圆锥花序金字塔形，花冠白色或淡黄色。荚果串珠状；种子间缢缩不明显。花期 7 ～ 9 月，果期 10 月。见于白洋淀大田庄村。适应性广，喜生于肥厚土壤。全国各地广泛栽培。树冠优美，是行道树和优良蜜源植物；叶、花和荚果可入药，有清凉收敛、止血降压的作用，叶和根皮有清热解毒的作用，可治疗疮毒；木材可供建筑用。

17 白车轴草（白三叶草）*Trifolium repens* L.

车轴草属

多年生草本。基部多分枝，匍匐茎实心，光滑细软，茎节处着地生根。掌状三出复叶，叶柄细长，自根茎或匍匐茎茎节部位长出；小叶倒卵形，中部有倒“V”形淡色斑。头状花序生于叶腋，花柄长；蝶形花冠，白色或粉红色，花托杯状有绒毛。荚果细小而长，每荚有种子 3 ～ 4 粒，种子小，心脏形，黄色或棕黄色。花果期 5 ～ 10 月。见于白洋淀沿岸林下、庭院、公园等地。我国各地常见栽培。优质豆科牧草，茎叶细软，叶量丰富，粗蛋白质含量高，粗纤维含量低，既可放养牲畜，又可饲喂草食性鱼类。城市绿化建植草坪的优良植物，也被广泛用于机场、高速公路、江堤湖岸等固土护坡绿化中。

18 紫藤 *Wisteria sinensis* (Sims)Sweet

紫藤属

落叶藤本。茎枝较粗壮，嫩枝被白色柔毛，后秃净。奇数羽状复叶，小叶 3 ～ 6 对，卵状椭圆形至卵状披针形。总状花序，花序轴被白色柔毛；苞片披针形，早落；花芳香，花冠紫色，旗瓣先端略凹陷，花开后反折。荚果倒披针形，密被绒毛，悬垂枝上不脱落。花期4～5月，果期6～8月。见于白洋淀大田庄村。河北各地均有栽培。我国陕西、河南、广西、贵州、云南等地均有分布。花大，美丽，可供观赏；紫藤花可提炼芳香油；茎皮及花入药，能解毒驱虫、止吐泻；种子含金雀花碱，有毒。在河南、山东、河北一带，人们常采紫藤花蒸食，清香味美；北京的“紫萝饼”和一些地方的“紫藤糕”“紫藤粥”“凉拌葛花”“炒葛花菜”等，都是加入了紫藤花做成的。

二十三、牻牛儿苗科 Geraniaceae

牻牛儿苗 *Erodium stephanianum* Willd.

牻牛儿苗属

多年生蔓生草本。叶对生，叶片轮廓三角状卵形，二回羽状深裂；托叶三角状披针形。伞形花序腋生，明显长于叶，总花梗被开展柔毛，每梗具 2 ～ 5 花；萼片矩圆状卵形，先端具长芒，被长糙毛，花瓣紫红色，倒卵形，等于或稍长于萼片，先端圆形或微凹；雄蕊稍长于萼片，花丝紫色，被柔毛；雌蕊被糙毛，花柱紫红色。蒴果密被短糙毛；种子褐色，具斑点。花期 5 ～ 6 月，果期 7 ～ 8 月。见于白洋淀大王镇、大河村等地。生于草原、山坡或田边荒地。产于河北张北、康保、尚义、崇礼桦皮岭、赤城黑龙山。分布于我国华北、东北、西北等地。全草入药，可强筋骨、祛风活血，并有清热解毒的功效。全草也可提取黑色染料。

二十四、蒺藜科 Zygophyllaceae

蒺藜 *Tribulus terrestris* L.

蒺藜属

一年生草本。茎常由基部分枝，平卧地面，被绢丝状柔毛对生。偶数羽状复叶，对生，全缘，托叶披针形。花腋生，有短梗，花黄色；萼片 5，宿存；花瓣 5；雄蕊 10，生于花盘基部，基部有鳞片状腺体；子房 5 棱，柱头 5 裂。果有分果爿 5，每果爿上各有 1 对长刺和 1 对短刺。花期 5 ~ 8 月，果期 6 ~ 9 月。见于白洋淀各地。生于沙地、荒地、山坡或居民点附近。产于河北各地。全国各地均有分布。果可入药；种子可榨油；茎皮纤维可造纸。

二十五、苦木科 Simaroubaceae

臭椿 *Ailanthus altissima* (Mill.) Swingle

臭椿属

落叶乔木。树皮灰色至灰黑色，平滑而有直纹。奇数羽状复叶，小叶纸质，卵状披针形，先端长渐尖，基部偏斜，截形或稍圆，两侧各具 1 或 2 个粗锯齿，齿背有腺体 1 个，叶表面深绿色，背面灰绿色，揉碎后具臭味。圆锥花序顶生；花淡绿色，萼片 5；花瓣 5，基部两侧被硬粗毛；雄蕊 10，花丝基部密被硬粗毛；花柱黏合，柱头 5 裂。翅果长椭圆形；种子位于翅中间，扁圆形。花期 4 ～ 5 月，果期 8 ～ 10 月。见于白洋淀各地。生于村边、林缘或路旁。分布几遍全国。木材可做家具；叶可饲椿蚕；种子可榨油；树皮、根皮和果实均可入药。

二十六、大戟科 Euphorbiaceae

01 铁苋菜 *Acalypha australis* L.

铁苋菜属

一年生草本。全株被短毛。茎直立或倾斜，自基部分枝，具棱条。叶互生，先端渐尖，基部广楔形，边缘有钝粗齿，脉上伏生硬毛。穗状花序生叶腋，雌雄花同花序；雌花苞片1～2（4）枚，卵状心形，苞腋具雌花1～3朵；雄花生花序上部，苞腋具雄花5～7朵，簇生；雄蕊7～8枚；雌花萼片3枚，花柱3枚。蒴果具3个分果爿。花果期4～12月。见于白洋淀路旁、荒地或农田。产于河北各地。分布几遍全国。全草药用，有清热解毒、利水消肿、止痢止血的功效。

02 地锦 *Euphorbia humifusa* Willd.

大戟属

一年生草本。茎纤细，平卧，由基部多次叉状分枝，浅红色。叶对生，长5～12cm，托叶小，羽状细裂。杯状聚伞花序单生叶腋；总苞倒圆锥形，顶端4裂，腺体4；子房3棱，花柱3，短小。蒴果三棱状球形，无毛；种子卵形，外被白色蜡粉。花期6～9月，果期7～10月。见于白洋淀路旁、荒地或农田。产于河北各地。除广东、广西外，分布几遍全国。全草入药，有清热解毒、止血、利尿、杀虫等功效。

03 蓖麻 *Ricinus communis* L.

蓖麻属

一年生大型草木。叶互生，盾状着生，掌状中裂或较深裂，裂片 5 ～ 11，边缘有粗锯齿，齿顶具腺体。花单性，雌雄同株，圆锥花序，无花瓣；雄花生花序下部，雌花生花序上部，花萼 3 ～ 5 裂；子房球形，被软刺。蒴果近球形或长圆形，具 3 纵沟，具软刺；种子有斑纹和加厚的种阜。花期 7 ～ 8 月，果期 9 ～ 10 月。见于白洋淀大王村农舍门前栽培。原产非洲。我国各地均有栽培。种仁含油达 70%，是重要工业用油原料；根、茎、叶、种子均可入药，有祛湿、通络、消肿、拔毒之效；叶可饲养蓖麻蚕。

二十七、漆树科 Anacardiaceae

毛黄栌 *Cotinus coggygria* Scop. var. *pubescens* Engl.

黄栌属

落叶灌木或小乔木。单叶互生，叶卵圆形至倒卵形，两面显著被毛，下面更密，侧脉6～8对，顶端常分叉。圆锥花序顶生，花杂性；花黄色；子房1室，具2～3个偏生花柱。果序有多数紫绿色羽毛状细长花梗，核果稍歪斜；种子肾形。花期4～5月，果期6～7月。见于白洋淀景区道边栽培。生山坡、沟边及灌丛。产于河北各地。我国贵州、四川、甘肃、陕西、山西、山东、河南、湖北、江苏、浙江等地均有分布。木材可提取黄色染料；枝、叶入药，能消炎，清湿热；秋季叶变红，常作庭院观赏树或风景林树种。

二十八、槭树科 Aceraceae

梣叶槭（复叶槭）*Acer negundo* L.

槭属

落叶乔木。树皮灰褐色，浅裂。羽状复叶，小叶卵形至披针状长圆形，边缘常有3～5个粗锯齿，顶生小叶偶3裂。雌雄异株，雄株伞房花序多生枝侧；雌株总状花序下垂，无花瓣及花盘。小坚果凸起，翅连同小坚果长3～3.5cm，张开成近70°锐角。花期4～5月，果期6～7月。见于白洋淀景区道旁栽培。原产北美。全国各地均有引种栽培。优良蜜源植物；可作行道树或庭院观赏树；树液可熬制槭糖。

二十九、无患子科 Sapindaceae

栾树 *Koelreuteria paniculata* Laxm.

栾树属

落叶乔木。小枝具疣点。奇数羽状复叶，小叶对生或互生。聚伞圆锥花序，花淡黄色，中心紫色；花瓣 4，开花时向外反折；萼片 5；子房三棱形。蒴果肿胀，边缘有膜质薄翅 3 片；种子黑色。花期 6 ～ 7 月，果期 8 ～ 9 月。见于白洋淀景区栽培。生于低山和平原。河北各地有野生或栽培。我国北部及中部有栽培。叶可提取栲胶；花可作黄色染料；种子可榨油；木材可制农具和家具。

三十、凤仙花科 Balsaminaceae

凤仙花 *Impatiens balsamina* L.

凤仙花属

一年生草本。茎粗壮，肉质，直立，不分枝或有分枝，无毛或幼时被疏柔毛，具多数纤维状根，下部节常膨大。叶互生，披针形，基部狭楔形，边缘有锐锯齿；叶柄两侧着生数个有柄腺体。花单生或数朵簇生叶腋；花粉红色或杂色，单瓣或重瓣。蒴果纺锤形，密生灰白色细毛。花期 6 ～ 9 月，果期 9 ～ 10 月。见于白洋淀景区道边。原产印度东部，全国各地均有栽培。栽培供观赏；花及叶可染指甲；全草及种子可入药，有活血散淤、利尿解毒等功效；种子可榨油。

三十一、卫矛科 Celastraceae

白杜卫矛（丝棉木）*Euonymus maackii* Rupr.

卫矛属

小乔木。叶对生，叶卵状椭圆形、卵圆形或窄椭圆形，边缘具细锯齿。二歧聚伞花序，花 3 ～ 7 朵；花黄绿色；花药紫色。蒴果粉红色，倒圆锥形，4 浅裂；种子淡棕色，有橘红色假种皮。花期 5 ～ 6 月，果期 9 ～ 10 月。见于白洋淀景区。河北各地栽培。广布全国各地，长江以南以栽培为主。枝叶秀丽，红果密集，常作庭荫树和行道树。树皮含硬橡胶，种子含油率达 40% 以上，可作工业用油；果实入药，可治腰膝痛。

三十二、鼠李科 Rhamnaceae

枣 *Ziziphus jujuba* Mill.

枣属

落叶小乔木，稀灌木。树皮褐色或灰褐色，有长枝、短枝和无芽小枝，呈“之”字形弯曲，具 2 枚托叶刺。叶卵形、卵状椭圆形或卵状矩圆形，上面深绿色，无毛，下面浅绿色，无毛或仅沿脉多少被疏微毛，基生三出脉；托叶刺纤细，后期常脱落。花黄绿色，两性，无毛，单生或密集成腋生聚伞花序。核果矩圆形或长卵圆形，成熟时红色，后变为红紫色，中果皮肉质，厚，味甜；种子扁椭圆形。花期 5 ～ 7 月，果期 8 ～ 9 月。见于白洋淀各地。全国各地均有栽培。枣的果实含丰富维生素 C、维生素 P，除供鲜食外，常可制成蜜枣、红枣、熏枣、黑枣、酒枣及牙枣等蜜饯和果脯，还可作枣泥、枣面、枣酒、枣醋等，为食品工业原料。

酸枣 *Ziziphus jujuba* Mill. var. *spinosa* (Bge.) Hu ex H. F. Chow

枣属

枣的变种。落叶灌木或小乔木。小枝呈“之”字形弯曲，紫褐色。托叶刺有两种，一种直伸，另一种常弯曲。叶互生，叶片椭圆形至卵状披针形，边缘有细锯齿，基部3出脉。花黄绿色，2～3朵簇生于叶腋。核果小，近球形或短矩圆形，熟时红褐色，近球形或长圆形，味酸，核两端钝。花期6～7月，果期8～9月。见于白洋淀三台镇、大田村、王家寨等地。野生于山坡、旷野或路旁。产于河北各地。分布于我国辽宁、内蒙古、山东、山西、河南、陕西、甘肃、宁夏等地。种仁入药；果实富含维生素C，可生食或制果酱；花可提取花蜜。

三十三、葡萄科 Vitaceae

葡萄 *Vitis vinifera* L.

葡萄属

木质藤本植物。小枝圆柱形，有纵棱纹，无毛或被稀疏柔毛。卷须二叉分枝，每隔2节间断与叶对生。叶卵圆形，显著3～5浅裂或中裂，上面绿色，下面浅绿色，无毛或被疏柔毛。圆锥花序密集或疏散，与叶对生，花瓣5；雄蕊5，在雌花内显著短而败育或完全退化；花盘发达；雌蕊1，在雄花中完全退化。果实球形或椭圆形；种子倒卵椭圆形。花期4～5月，果期8～9月。见于白洋淀农家庭院栽培。葡萄原产亚洲西部，世界各地均有栽培。著名水果；生食或制葡萄干，并可酿酒，酿酒后的酒脚可提取酒食酸；根和藤药用能止呕、安胎。

五叶地锦 *Parthenocissus quinquefolia* (L.) Planch.

地锦属

落叶木质攀缘藤木。茎皮红褐色，幼枝淡红色，具 4 棱；卷须与叶对生；掌状 5 小叶，小叶椭圆状卵形至楔状倒卵形，基部常楔状，边缘中部以上有粗齿。圆锥状聚伞花序与叶对生；萼近 5 齿，截形；花瓣 5，黄绿色，顶端合生。果实球形，成熟时蓝黑色。花期 6 ~ 8 月，果期 9 ~ 10 月。见于白洋淀景区道边。河北各公园或庭院有栽培。原产北美洲。我国东北、华北各地栽培。多用于垂直绿化，也可做地被植物。

三十四、锦葵科 Malvaceae

苘麻 *Abutilon theophrasti* Medicus

苘麻属

一年生亚灌木草本。茎枝被柔毛。叶圆心形，两面密被星状柔毛；叶柄被星状细柔毛；托叶早落。花单生于叶腋，花萼杯状，裂片卵形；花黄色，花瓣倒卵形；雄蕊柱平滑无毛；心皮 15 ～ 20，排成轮状，密被软毛。蒴果，分果爿 15 ～ 20。花期 7 ～ 8 月，果期 9 月。见于白洋淀村旁、路边或荒地。产于河北各地。广布于全国各地。茎皮纤维可用于编织麻袋、绳索；种子可入药；根和全草能解毒。

蜀葵 *Althaea rosea* (L.) Cavan.

蜀葵属

二年生草本。叶近圆心形，掌状 5 ～ 7 浅裂或波状棱角，被星状毛。总状花序；花单生或近簇生；叶状苞片杯状，密被星状粗硬毛；萼钟状，5 齿裂；花瓣倒卵状三角形；有紫色、粉色、红色、白色等颜色。蒴果，种子扁圆，肾形。花期 6 ～ 8 月，果期 8 ～ 9 月。见于白洋淀景区及周边村舍附近。原产我国。全国各地普遍栽培。花大美丽，供园林观赏；花、种子和根皮均可入药，能通便利尿；种子可榨油。

03 芙蓉葵（大花秋葵）*Hibiscus moscheutos* L.

木槿属

多年生草本。茎粗壮，丛生，斜出，光滑被白粉。叶卵形至卵状披针形，先端尾状渐尖，上面近无毛，下面密被灰白色毡毛。花单生于枝端叶腋，花梗近顶端具关节；花冠呈白色、米黄色、粉红色至紫红色，中央常呈深红色；花瓣内面基部边缘具髯毛。蒴果圆锥状卵形。花期 7 ～ 8 月，果期 8 ～ 9 月。见于白洋淀景区道旁。喜温和光、耐湿、耐热、抗寒，在排水良好的土壤中生长最佳。原产北美洲，我国南北各大城市均有栽培。花大而艳，可供观赏。

04 木槿 *Hibiscus syriacus* L.

木槿属

落叶灌木。小枝密被黄色星状绒毛。叶菱状卵圆形，先端钝尖，基部楔形，主脉3（5）条，托叶线形，被短柔毛。花单生于枝端叶腋，花梗密被星状短绒毛；小苞片线形，被柔毛；花萼钟形，密被星状短绒毛；花冠钟形，颜色有纯白色、淡粉红色、淡紫色、紫红色等，类型有单瓣、复瓣或重瓣；单体雄蕊。蒴果卵圆形，密被黄色星状绒毛；种子肾形，背部被黄白色长柔毛。花期7～10月，果期8～10月。见于白洋淀农家庭院。河北各地普遍栽培。全国各地均有栽培。供观赏或作绿篱；茎皮纤维为造纸原料；全株可入药。

05 野西瓜苗 *Hibiscus trionum* L.

木槿属

一年生草本。直立或平卧，茎柔软，被白色星状粗毛。叶二型，下部叶圆形，不分裂，上部叶掌状3～5深裂；托叶线形，被星状粗硬毛。花单生叶腋，被星状粗硬毛；小苞片线形，基部合生；花萼钟形，淡绿色，被粗长硬毛或星状粗长硬毛；花淡黄色，花瓣倒卵形，外面疏被极细柔毛；雄蕊花丝纤细；花柱枝5，无毛。蒴果长圆状球形，被粗硬毛，果爿5。花期6～8月，果期8～10月。广布白洋淀。生于平原、山野或田埂。广布河北各地。全国各地均有分布。根或全草入药，有利尿的功效。

三十五、柽柳科 Tamaricaceae

柽柳 *Tamarix chinensis* Lour.

柽柳属

灌木或小乔木。老枝直立，暗褐红色，光亮，幼枝稠密细弱，常开展而下垂，红紫色或暗紫红色，有光泽；嫩枝繁密纤细，悬垂。叶鲜绿色，下部枝的叶长圆状披针形或长卵形，上部枝的叶钻形或卵状披针形。每年开花两次或三次；春季总状花序侧生于去年枝上，夏、秋季总状花序生于当年枝上，常组成顶生圆锥花序；萼片 5，卵形；花瓣 5，矩圆形，宿存。蒴果圆锥形。花期 4 ～ 9 月，果期 7 ～ 10 月。见于白洋淀路边、田埂。常生于盐渍土上。河北大部分地区均产。分布于我国华北至长江中下游各地，向南直至广东、广西、云南。耐盐树种；枝条可编筐篓；嫩枝叶可药用，能解表、利尿、祛风湿。

三十六、堇菜科 Violaceae

01 旱开堇菜 *Viola prionantha* Bge.

堇菜属

多年生草本。根茎较粗短，根细长，白色或黄白色。叶多数，卵形或长圆卵形，两面无毛或稍有短伏毛，果期叶大，卵状三角形或宽卵形，或长三角形，无毛；叶柄有翅，托叶膜质，边缘稍有细齿。花梗较多，高于叶，果期短于叶；苞片 2，萼片披针形或卵状披针形，花瓣紫色；子房无毛，花柱端平，有短喙。蒴果长圆形，无毛。花果期 4 月上中旬至 9 月。见于白洋淀田边、荒草地、路边、沟边。产于河北各地。分布于我国东北、华北、西北等地。可用于园林绿化。

02 紫花地丁 *Viola philippica* Car.

堇菜属

多年生草本。无地上茎，根茎粗短，根浅黄色。叶 3 ～ 5 或更多，叶下延于叶柄，叶淡绿色，果期叶大，基部微心形；叶柄有狭翅，托叶膜质。苞片 2，萼片卵状披针形，有膜质白边，无毛；花瓣紫色，下瓣距较细长；子房无毛，花柱向上渐粗，具短喙。蒴果无毛。花果期 4 月中下旬至 9 月。见于白洋淀田间、荒地、山坡草丛、林缘、灌丛。产于河北各地。分布于我国东北、华北、西北、华东、西南地区。全草入药，有清热解毒、凉血消肿、清热利湿的功效；也可用于观赏和绿化。

三十七、千屈菜科 Lythraceae

紫薇 *Lagerstroemia indica* L.

紫薇属

落叶灌木或小乔木。树皮光滑，幼枝通常有狭翅。叶对生或近对生，具短柄。圆锥花序顶生；花瓣紫红色或鲜红色，先端6浅裂。蒴果广椭圆形，6瓣裂，基部具宿存花萼；种子具翅。花期6～9月，果期9～12月。见于白洋淀景区栽培。原产亚洲、大洋洲等地。全国各地均有栽培。树姿优美，树干光滑，花色艳丽，花期长，是观花、观干、观根的盆景良材；根、皮、叶和花皆可入药。

02 千屈菜 *Lythrum salicaria* L.

千屈菜属

多年生草本。根木质状，粗壮。茎直立，多分枝，四棱形或六棱形，被白色柔毛或变无毛。下部叶对生，上部叶互生，广披针形或狭披针形。总状花序顶生，花两性，数朵簇生叶状苞叶内，具短梗；萼筒状，萼齿三角形，齿间有尾状附属物；花瓣 6，紫色；雄蕊 12，6 长 6 短，排成两轮；子房上位，柱头柱状。蒴果。花果期 6 ～ 10 月。白洋淀广有栽培。生于河岸、湖畔、溪沟边或潮湿草地。产于河北、北京、天津各地。分布全国各地。全草入药，有清热解毒、凉血止血的功效。花卉植物，华北、华东常栽培于水边或作盆栽，供观赏，也称水枝锦、水芝锦或水柳。

三十八、石榴科 Punicaceae

石榴 *Punica granatum* L.

石榴属

小乔木或灌木。小枝顶端常变成针刺。叶长圆状披针形，全缘，在长枝上对生，在短枝上簇生。花常红色，稀白色、黄色；萼片红色，革质，外面有乳状突起。浆果褐黄色至红色，有宿存花萼；种子具肉质外种皮和坚硬的内种皮。花期 6 ～ 7 月，果期 9 ～ 10 月。见于白洋淀各村镇道旁栽培。原产中亚及西亚。我国各地均有栽培，以陕西临潼最为著名。果实为优良水果，种子可食，花供观赏；根皮、树皮及果皮均含鞣质，可提取栲胶；果皮、根及花均可入药，有收敛止泻、杀虫、止血的功效。

三十九、菱科 Hydrocaryaceae

格菱 *Trapa pseudoincisa* Nakai.

菱属

一年生浮水草本。根二型：着泥根，细铁丝状，着生于水底泥中；同化根，羽状细裂，裂片丝状。茎细弱分枝。叶二型：浮水叶互生，形成莲座状菱盘，叶片近三角状菱形或广菱形，叶柄中上部膨大沉水叶小，早落。花单生于叶腋；花两性，萼筒 4 裂，裂片长圆状披针形，沿脊被毛；花瓣 4，白色；雄蕊 4；花盘鸡冠状。果三角形，具 2 圆形肩刺角，被淡棕色短毛，果喙明显。花期5～8月，果期8～9月。见于白洋淀淀内。分布于我国河北、湖北、江西、福建、台湾、湖南等地。果实可供食用、酿酒和药用；菱盘可作饲料和肥料。

四十、小二仙草科 Haloragidaceae

狐尾藻 *Myriophyllum verticillatum* L.

狐尾藻属

多年生粗壮沉水草本。根状茎发达，在水底泥中蔓延，节部生根。茎红色，光滑，圆柱形，多分枝。水上叶常 4～6 片轮生，蓖状羽裂，裂片羽毛状。花单性，雌雄同株或杂性，单生于水上叶腋内，花无柄，比叶片短；雌花生于水上茎下部叶腋，淡黄色，花丝丝状，开花后伸出花冠外。果实广卵形，具 4 条浅槽，顶端具残存萼片及花柱。花果期 4～9 月。见于白洋淀各池塘、河沟、沼泽中。产于河北各地。我国各地均有分布。全草可作猪、鸭饲料；也可作观赏植物。

四十一、山茱萸科 Cornaceae

红瑞木 *Swida alba* Opiz

梾木属

落叶灌木。树皮暗红色，平滑，枝血红色。叶对生，卵形或椭圆形，全缘或波状反卷；背面叶脉明显凸起。聚伞花序；花小，白色或淡黄白色，花萼裂片4，花瓣4，卵状椭圆形。核果斜卵圆形，成熟时乳白色或蓝白色。花期5～6月，果期7～8月。见于白洋淀景区栽培。产于河北承德，生杂木林或针阔叶混交林。全国各地多有栽培。秋叶鲜红，小果洁白，常栽培作庭院观赏；种子含油量约30%，可供工业用；树皮、枝叶入药，有清热解毒、止痢、止血功效。

四十二、伞形科 Umbelliferae

01 芫荽 *Coriandrum sativum* L.

芫荽属

一年生草本。有香气，茎直立，具细棱，疏分枝。基生叶和下部茎生叶具长柄，叶片1～2回羽状全裂，一回裂片7～9，小叶卵形，基部楔形，羽状缺刻或牙齿状；中部及上部茎生叶叶柄鞘状，边缘宽膜质，叶片2～3回羽状全裂，最终裂片线形。复伞形花序具长柄，伞辐6～9；小伞形花序具10～20朵花，小总苞片5～6；花瓣倒卵形，先端有内凹小舌片，白色或粉红色；花柱果时向外反曲。双悬果球形，褐黄色。原产南欧地中海沿岸。河北广为栽培。嫩茎叶为蔬菜。果可提芳香油，种子含油约20％；果入药，为芳香驱风、健胃剂。

02 蛇床 *Cnidium monnieri* (L.) Cuss.

蛇床属

一年生草本。根圆锥状，较细长。茎直立或斜上，多分枝，具细纵棱，疏生细柔毛。茎生叶具短柄，叶片卵形至三角状卵形，二或三回三出式羽状全裂。复伞形花序顶生；总苞片6～10，小总苞片多数，边缘具白色细睫毛；小伞形花序具花15～20朵；花瓣白色，先端具内折小舌片；花柱基略隆起。双悬果宽椭圆形，果棱具翅。花期4～7月，果期6～10月。见于白洋淀大田镇、三台镇、端村镇等地。生于低山坡、田野、路边、沟边、河边或湿地。产于河北各地。分布于我国山东、江苏、浙江、四川等地。果实入药，有燥湿、杀虫止痒、壮阳的功效；也可作芳香原料。

03 胡萝卜 *Daucus carota* L.var. *sativus* Hoffm.

胡萝卜属

二年生草本。根长圆锥形，粗肥，橙红色或黄色。茎单生，全体有白色粗硬毛。基生叶薄膜质，长圆形；茎生叶近无柄，有叶鞘。复伞形花序，花序梗有糙硬毛；总苞有多数苞片，呈叶状，羽状分裂；复伞形花序，伞辐多数，结果时外缘伞辐向内弯曲；小总苞片 5～7，线形；花通常白色，有时带淡红色。果实圆卵形，棱上有白色刺毛。花期 5～7 月。原产欧亚大陆。现全国各地广泛栽培。根作蔬菜食用，富含糖类、脂肪、挥发油、胡萝卜素、维生素 A、维生素 B_1、维生素 B_2、花青素、钙、铁等营养成分。全草、根和种子均可药用。

茴香 *Foeniculum vulgare* Mill.

茴香属

一至二年生草本。植物体具强烈香气。基生叶和茎下部叶具长柄，上部叶叶柄短至鞘状；叶轮廓卵状三角形，三或四回羽状全裂，末回裂片丝状。复伞形花序，伞辐 10 ～ 35；花瓣宽倒卵形，金黄色。分生果横切面背腹扁平，果熟时心皮柄分离达基部。花期 6 ～ 8 月，果期 9 月。见于白洋淀大王镇、端村镇等地。原产地中海地区。全国各地普遍栽培。嫩茎、叶可作蔬菜食用；果实含芳香油及脂肪油，可作食物香料；也可入药，有祛寒疗疝、健脾开胃、祛痰催乳、止痛解痛的功效。

05 水芹 *Oenanthe javanica* (Bl.)DC.

水芹属

多年生水生宿根草本。无毛。茎直立或基部匍匐。基生叶有长柄，柄基部有叶鞘；叶片轮廓三角形，一至三回羽状分裂，末回裂片卵形至菱状披针形，边缘有牙齿或圆齿状锯齿；茎上部叶无柄，裂片和基生叶的裂片相似，较小。复伞形花序顶生，伞幅 8 ～ 17；小伞形花序有花 10 ～ 20，花梗不等长；萼齿近卵形；花瓣白色；花柱基部圆锥形。双悬果椭圆形，果棱肥厚，钝圆。花果期 7 ～ 9 月。见于白洋淀大田镇、圈头乡。生于浅水低洼地、水沟边、水田或河边湿地。产于河北各地。我国中部和南部栽培较多。嫩茎、叶可食或作家畜饲料。

四十三、白花丹科（蓝雪科）Plumbaginaceae

二色补血草 *Limonium bicolor* (Bge.) O. Kuntze

补血草属

多年生草本。叶基生，匙形至长圆状匙形，基部渐狭成平扁的柄。花序圆锥状；花序轴单生，或2～5枚各由不同叶丛生出，常有3～4棱角；穗状花序排列在花序分枝上部至顶端，由3～5（9）个小穗组成；小穗含2～3（5）花；萼漏斗状，萼檐初时淡紫红或粉红色，后变白色；花冠黄色。花果期5～10月。见于白洋淀七间房乡路边。多生于盐渍土上，是盐渍土指示植物。产于河北秦皇岛、吴桥；北京圆明园附近；天津静海、塘沽、汉沽。分布于我国河南、山西、内蒙古、陕西、甘肃等地。全草药用，有收敛、止血、利尿的功效。

四十四、柿树科 Ebenaceae

柿树 *Diospyros kaki* Thunb.

柿属

落叶乔木。树皮黑灰色，片状剥落。叶互生，长圆状卵形或倒卵形，上面有光泽，下面淡绿色。雌雄异株或同株，雄花成短聚伞花序，雌花单生叶腋；花 4 数；花萼果熟时增大；花冠黄白色。浆果橙黄色或鲜黄色，具宿存花萼。花期 6 ～ 7 月，果期 9 ～ 10 月。白洋淀各村镇道旁偶有栽培。原产我国，现全国各地均有栽培。果可鲜食，又可作柿饼；柿霜、柿蒂、柿漆可入药；木材可制器具、文具、雕刻及细工等用材；柿叶秋后变红，也可作风景树。

四十五、木樨科 Oleaceae

女贞 *Ligustrum lucidum* Ait.

女贞属

常绿乔木或灌木。叶革质而脆，卵形或卵状披针形，全缘，上面深绿色有光泽，下面淡绿色。圆锥花序顶生，花冠筒和萼等长，花冠裂片向外反卷。核果蓝紫色，被白粉。花期 7 ～ 9 月，果期 10 ～ 12 月。见于白洋淀景区。河北各地均有栽培。分布于我国长江流域及以南各省和甘肃。园林绿化中应用较多的乡土树种；用作绿篱及放养白蜡虫；木材可作细工材料；果、叶、树皮及根均可入药。

02 紫丁香 *Syringa oblata* Lindl.

丁香属

灌木或小乔木。叶薄草质或厚纸质，卵圆形至肾形，先端渐尖，基部常心形。圆锥花序发自侧芽，花淡紫色、紫红色或蓝色，花冠位于花冠筒中部或中部以上。蒴果压扁状，光滑。花期 4 ～ 5 月，果期 6 ～ 10 月。见于白洋淀景区。河北各地公园、庭院、寺庙均有栽培。我国长江以北各庭院普遍栽培。叶可入药，有清热燥湿的功效；花芬芳袭人，为著名观赏花木。

白丁香 *Syringa oblata* var. *alba* Hort.ex Rehd.

丁香属

为紫丁香的变种。叶较小，叶背有细柔毛或无毛；叶缘有微细毛。花白色，香气浓郁。见于白洋淀景区栽培。分布与用途同紫丁香。

四十六、龙胆科 Gentianaceae

01 睡菜 *Menyanthes trifoliata* L.

睡菜属

多年生沼生草本。根状茎匍匐状，黄色，具节，节部生不定根与枯叶鞘。三出复叶，基生，具长柄；小叶 3 片，椭圆形或长圆状倒卵形，无小叶柄。花葶由叶丛旁侧抽出；总状花序具多数花；花萼钟状，5 深裂；花冠白色或淡红紫色，5 中裂；裂片披针形，内面被白色流苏状毛。蒴果近球形。花果期 6 ～ 8 月。见于白洋淀留通村淀内。生于苔藓沼泽中。产于河北围场等地。分布于我国黑龙江、吉林、辽宁、河北、贵州、四川和云南。全草入药，能清热利尿、健胃、安神。

荇菜 *Nymphoides peltata* (Gmel.) O. Kuntze

02 荇菜属

多年生水生草本。茎圆柱形。上部叶对生，下部叶互生，叶片飘浮，近革质，下面紫褐色，密生腺体。花常多数，5 基数；花冠金黄色，雄蕊着生冠筒上，整齐，腺体 5 个。蒴果无柄。花果期 4 ～ 10 月。见于白洋淀郭里口村淀内。生于池塘或湖泊中。产于河北各地。全国各地均有分布。全草入药，能发汗、透疹、清热、利尿。

四十七、夹竹桃科 Apocynaceae

罗布麻 *Apocynum venetum* L.

罗布麻属

多年生直立草本或半灌木。茎节间长，具白色乳汁，紫红色。单叶对生，椭圆状披针形至卵圆状长圆形，先端具短尖头，叶缘具稀小细齿。花小，紫红色或粉红色，圆锥状聚伞花序，顶生或腋生；花萼 5 深裂；花冠圆筒状钟形，花冠裂片 5，每裂片外均有 3 条明显紫红色脉纹。果长角形，叉生，下垂，熟时黄褐色。花期 6 ～ 7 月，果期 8 月。见于任丘白洋淀张六村路边。生于盐碱荒地。产于河北唐山、秦皇岛；北京；天津。分布于我国新疆、青海、甘肃、陕西、河南等地。茎皮纤维为高级衣料、鱼网线、皮革线、高级用纸的原料；嫩叶蒸炒揉制后可当茶饮用，有清凉、降压和强心的功效；根含生物碱，药用；花期有发达蜜腺，是良好的蜜源植物。

四十八、萝藦科 Asclepiadaceae

鹅绒藤 *Cynanchum chinense* R. Br.

鹅绒藤属

缠绕草本。全株被短柔毛。茎有白色浆乳汁。叶对生，薄纸质，宽三角状心形，叶面深绿色，叶背苍白色，两面均被短柔毛。伞形聚伞花序腋生，两歧，花萼外面被柔毛；花冠白色，裂片长圆状披针形；副花冠二形，杯状，外轮约与花冠裂片等长，内轮略短；花柱顶端 2 裂。蓇葖果双生或仅有 1 个发育；种子长圆形，种毛白色绢质。花期 6 ～ 8 月，果期 8 ～ 10 月。见于白洋淀各地。生于山坡向阳灌木丛、河畔、田埂边。遍布河北各地。分布于我国辽宁、内蒙古、山西、陕西、宁夏、甘肃、山东、江苏、浙江、河南等地。全株可药用，有清热解毒、消积健胃、利水消肿的功效。

地稍瓜 *Cynanchum thesiodes* (Freyn) K. Schum.

鹅绒藤属

直立或斜生草本。分枝多，密被细柔毛。茎多分枝，细弱，节间甚短。单叶对生，有短柄；叶片条形，先端尖，基部稍窄，全缘，两面均有短毛。伞形花序腋生，梗短；花萼5裂；花冠钟状，黄白色，内面光滑无毛；柱头短。蓇葖果纺锤形，有白色乳液，密被细柔毛；种子棕褐色，扁平，先端有束白毛。花期5～8月，果期8～10月。见于白洋淀各地。生于林缘、草丛、石坡或沙石滩。产于河北承德、保定、秦皇岛、平山。分布于我国江苏、陕西、甘肃、新疆等地。药食两用，以全草及果实入药，营养全面，生长旺盛，病虫害较少，自古就有生食习惯，也有洗干净凉拌食之。

03 萝藦 *Metaplexis japonica* (Thunb.) Makino

萝藦属

多年生草质藤本。长达2m，有白色乳汁。茎细长圆柱形，平滑。单叶对生，长卵形。总状聚伞花序腋生；花萼5深裂，具缘毛；花冠白色，有淡紫红色斑纹，钟状，5裂，副花冠环状，着生于合蕊冠上；雄蕊连生成圆锥状，包围雌蕊在其中；子房无毛，柱头延伸成1长喙，顶端2裂。蓇葖果长卵状或角锥状，表面有小突起；种子具白色绢质种毛。花期6～9月，果期9～12月。见于白洋淀各地。生于林边荒地、山脚、河边或路旁灌丛。产于河北承德、秦皇岛、石家庄、保定等地。分布于我国甘肃、陕西、贵州、河南和湖北等地。果可治劳伤、虚弱、腰腿疼痛、缺奶、白带、咳嗽等；根可治跌打、蛇咬、疔疮、瘰疬、阳痿；茎叶可治小儿疳积、疔肿；种毛可止血；乳汁可除瘊子。

四十九、旋花科 Convolvulaceae

01 打碗花 *Calystegia hederacea* Wall.ex Roxb.

打碗花属

一年生草本。全株无毛。常自基部分枝，具细长白色根。茎细，平卧，有细棱。基部叶片长圆形，基部戟形；上部叶片3裂，叶片基部心形或戟形。花单生腋生；花梗长于叶柄，苞片宽卵形；萼片长圆形，顶端钝，具小短尖头；花冠淡紫色或淡红色，钟状。蒴果卵球形，宿存萼片与之近等长或稍短；种子黑褐色，表面有小疣。花期6～8月，果期8～9月。见于白洋淀各地。生于农田、田埂或路边。产于河北各地。分布于全国各地。常见杂草，具健脾益气、促进消化、止痛等功效，有一定毒性，慎食；也可作园林植物。

02 田旋花 *Convolvulus arvensis* L.

旋花属

多年生草本。近无毛。根状茎横走，茎平卧或缠绕，有棱。叶片戟形或箭形，全缘或3裂，先端有小突尖头；中裂片卵状椭圆形、狭三角形、披针状椭圆形或线形；侧裂片开展或呈耳形。花1～3朵腋生；花梗细弱；苞片与萼远离；萼片倒卵状圆形；花冠漏斗形，粉红色或白色，外面有柔毛，褶上无毛；雄蕊花丝基部有小鳞毛；柱头2，狭长。蒴果卵状球形或圆锥形；种子椭圆形，暗褐色或黑色。花期5～8月，果期7～9月。见于白洋淀各村镇。生于农田、田埂、路边或荒坡草地。产于河北各地。广布于我国东北、西北、西南、华东等地。全草入药，可调经活血、滋阴补虚。

菟丝子 *Cuscuta chinensis* Lam.

菟丝子属

一年生寄生植物。茎缠绕，纤细，黄色，无叶。花多数丛生，花梗粗壮；花冠白色，壶状或钟状，宿存。蒴果近球形。花期 7 ～ 8 月，果期 8 ～ 9 月。见于白洋淀各地。生于山坡阳处、路边草丛或灌丛、海边沙丘。河北普遍分布。分布于我国山东、江苏、安徽、河南、浙江、福建、四川、云南等地。常寄生于豆科、菊科等多种植物上。对胡麻、苎麻、花生、马铃薯等农作物有危害。种子药用，具有补肝肾、益精壮阳、止泻的功效。

蕹菜 *Ipomoea aquatica* Forsk.

番薯属

一年生草本。蔓生或漂浮于水上，植株光滑。茎圆柱形，节间中空，节处生根。单叶互生，叶片长卵状披针形、披针形或长三角形；顶端锐尖或渐尖，具小短尖头，基部心形、戟形或箭形，全缘或波状，两面近无毛或偶有稀疏柔毛。聚伞花序腋生，具 1 ～ 3（5）朵花；苞片小鳞片状；萼片近等长，卵形；花冠白色、淡红色或紫红色，漏斗状；雄蕊不等长。蒴果卵球形至球形，无毛；种子密被短柔毛或有时无毛。见于白洋淀淀内人工生物浮床上。原产我国，作为一种蔬菜广泛栽培，有时也为野生状态。除供蔬菜食用外，也可药用，内服解饮食中毒，外敷治骨折、腹水及无名肿毒；也可作饲料。

裂叶牵牛 *Pharbitis hederacea* (L.) Choisy

牵牛属

一年生缠绕草本。茎细长，缠绕，分枝，被倒向短柔毛及杂有倒向或开展的长硬毛。叶互生，叶片心状卵形，常 3 裂，少 5 裂，裂片达中部或超过中部，掌状叶脉，叶柄较花梗长。花腋生，单一或 2 或 3 朵着生花序梗顶端；苞片 2，线形或叶状；萼片 5，狭披针形，外面有毛；花冠漏斗状，蓝紫色或紫红色，花冠管色淡。蒴果近球形；种子三棱形，微皱。花期 7 ～ 9 月，果期 8 ～ 10 月。见于白洋淀各村镇。生于农田、田埂、路旁或荒坡。原产美洲。我国各地常见栽培，也常逸为野生。可供观赏。

06 圆叶牵牛 *Pharbitis purpurea* (L.) Voisgt

牵牛属

一年生缠绕草本。茎上被倒向短柔毛，杂有倒向或开展的长硬毛。叶圆心形或宽卵状心形，全缘，偶有 3 裂，两面疏或密被刚伏毛。花腋生，单一或聚伞花序；苞片线形；萼片近等长，外面 3 片长椭圆形，内面 2 片线状披针形，外面均被开展的硬毛；花冠漏斗状，紫红色、红色或白色，花冠管常白色。蒴果近球形，3 瓣裂；种子卵状三棱形，黑褐色或米黄色。花期 5 ～ 10 月，果期 8 ～ 11 月。见于白洋淀各村镇。生于路边、野地或篱笆旁，栽培供观赏或逸为野生。全国广为分布。本种原产热带美洲，已成为我国归化植物。庭院栽培可供观赏；种子可入药，有泻下、利尿、驱虫的功效。

茑萝 *Quamoclit pennata* (Desr.) Boj.

茑萝属

一年生柔弱缠绕草本，无毛。单叶互生，羽状深裂，裂片线形，细长如丝。聚伞花序腋生，着花数朵，花从叶腋下生出，花梗着数朵五角星状小花，鲜红色。蒴果卵形；种子卵状长圆形，黑褐色。花期 7 ～ 9 月，果期 8 ～ 10 月。见于白洋淀农家庭院、路边。原产热带美洲。河北、北京、天津的公园和庭院常见栽培。我国南北均有栽培。茑萝极富攀缘性，花叶俱美，是理想的绿篱植物。

五十、紫草科 Boraginaceae

斑种草 *Bothriospermum chinense* Bge.

斑种草属

越年生或一年生草本。茎自基部分枝，斜升或近直立，通常多分枝，有倒贴短糙毛。基生叶及茎下部叶具长柄，匙形或倒披针形，边缘皱波状或近全缘，两面均被基部具基盘的长硬毛及伏毛；茎中部及上部叶无柄，长圆形或狭长圆形，上面被向上贴伏的硬毛，下面被硬毛及伏毛。总状花序顶生，有苞片，花生于苞腋；花冠淡蓝色，5裂，喉部有5附属物；雄蕊5；子房4裂，花柱内藏。小坚果肾形。花期4～6月，果期6～8月。见于白洋淀各村镇。生于荒地或路边草地。产于河北各地。分布于我国甘肃、陕西、河南、山东、山西、河北及辽宁等地。全草入药，有解毒消肿、利湿止痒的功效。

砂引草 *Messerschmidia sibirica* L.

紫丹属

多年生草本。有细长根茎。茎单一或数条丛生，常分枝，密生糙伏毛或白色长柔毛。叶披针形、倒披针形或长圆形，先端渐尖或钝，基部楔形或圆，密生糙伏毛或长柔毛。伞房状聚伞花序顶生；花常密集，有密白色柔毛；花冠黄白色，漏斗状，5裂，裂片卵圆形。果广椭圆形，有纵棱。花期5～6月，果期7～8月。见于白洋淀沟边、村旁。生于海边沙地、河岸沙地或盐碱草地，常成片生长。产于河北北戴河、安新、张北、康保、宣化、蔚县小五台山等地。分布于我国河北、河南、山东、陕西、甘肃、宁夏等地。砂引草属于中等偏低或中等饲用植物；还可作绿肥和固沙植物；花可提取芳香油。

03 附地菜 *Trigonotis peduncularis* (Trev.) Benth. ex Baker et Moore

附地菜属

一年生或二年生草本。茎细弱，单一或多茎，常有糙伏白毛。基生叶莲座状，叶片匙形，两面被糙伏毛；茎上部叶长圆形或椭圆形，无叶柄或具短柄。总状花序顶生，花萼5深裂；花蓝色，有5裂片。小坚果4，四面体形，有锐棱。花期5～6月，果期6～8月。见于白洋淀各地。生于田边、路边或居民点附近。产于河北、北京各地。分布于我国西藏、云南、广西、江西、福建、新疆、甘肃、内蒙古等地。全草入药，能温中健胃，消肿止痛，止血；嫩叶可供食用；花美观，可用于点缀花园。

五十一、马鞭草科 Verbenaceae

01 牡荆 *Vitex negundo* L.var. *cannabifolia* (Sieb.et Zucc.) Hand.-Mazz.

牡荆属

落叶灌木。小枝四棱形，密生灰白色绒毛。叶对生，具长柄，5～7出掌状复叶，小叶椭圆状卵形，先端锐尖，缘具切裂状锯齿或羽状裂，背面灰白色，被柔毛。聚伞花序排成圆锥花序式，顶生；花萼钟状，具5齿裂，宿存；花冠淡紫色，顶端5裂，二唇形；雄蕊2强；雄蕊和花柱稍外伸。核果球形或倒卵形。花期6～8月，果期7～10月。见于白洋淀路边、沟边。产于河北太行山、燕山。分布于我国东北、华北、西南等地。可作水土保持树种；蜜源植物；茎皮可造纸及制人造棉；叶、茎及果实均可药用；花和枝叶可提取芳香油。

02 柳叶马鞭草 *Verbena bonariensis* L.

马鞭草属

多年生草本。茎四棱形，全株有纤毛。叶暗绿色，披针形，十字交互对生，初期叶为椭圆形，边缘略有缺刻，花茎抽高后叶转为细长型如柳叶状，边缘有缺刻。聚伞花序顶生；花小，花冠筒状，紫红色或淡紫色。花期 5～8 月，果期 9～10 月。见于白洋淀景区栽培。喜温暖湿润气候，不耐寒。原产南美洲。全国各地均有栽培。常用于疏林下、植物园、公园景观布置。

五十二、唇形科 Labiatae

01 夏至草 *Lagopsis supina* (Steph.ex willd.) Ik.-Gal.

夏至草属

多年生草本。茎四棱形，带紫红色，密被微柔毛，常在基部分枝。叶轮廓为圆形，3深裂，裂片有圆齿或长圆形犬齿，叶片两面均绿色，上面疏生微柔毛，下面沿脉上被长柔毛，边缘具纤毛。轮伞花序疏花；花萼管状钟形，外密被微柔毛，内面无毛；花冠白色，稀粉红色，外面被绵状长柔毛，内面被微柔毛；雄蕊4，着生于冠筒中部稍下，不伸出，后对较短。小坚果长卵形，褐色，有鳞粃。花期3～4月，果期5～6月。见于白洋淀各地。生于路旁或旷地上。分布于我国东北、华北、西北、西南等地。常见杂草。全草入药，能活血调经。

02 益母草 *Leonurus artemisia* (Laur.) S. Y. Hu

益母草属

一年生或二年生草本。茎直立，钝4棱，有倒向糙状毛。茎下部叶掌状3裂；中部叶菱形，基部狭楔形，掌状3半裂或3深裂。轮伞花序腋生；花无梗，花萼管状钟形；花冠上下唇几乎相等。小坚果长圆状三棱形，顶端截平而略宽大，基部楔形，淡褐色，光滑。花期6～9月，果期9～10月。白洋淀广有分布。生于山野荒地、田埂、草地等。全国大部分地区均有分布。全草入药，有效成分为益母草素，并含益母草碱、水苏碱、益母草定、益母草宁等多种生物碱及苯甲酸、氯化钾等，有利尿消肿、收缩子宫的功效，是历代医家用来治疗妇科病的要药。

地笋 *Lycopus lucidus* Turcz. ex Benth.

地笋属

多年生草本。根茎横走，节上密生须根。叶具极短柄或近无柄，长圆状披针形，边缘具锐尖粗牙齿状锯齿，两面或上面具光泽，亮绿色，两面均无毛，下面具凹陷的腺点。轮伞花序无梗，轮廓圆球形，多花密集，小苞片卵圆形至披针形，先端刺尖，位于外方者超过花萼，具 3 脉，位于内方者，短于或等于花萼，具 1 脉，边缘均具小纤毛。小坚果倒卵圆状四边形，褐色，边缘加厚，背面平，腹面具棱，有腺点。花期 6 ～ 9 月，果期 8 ～ 11 月。见于安新县端村镇、大田庄村等地。生于水边湿地。分布于我国陕西、甘肃、浙江、江苏、江西、安徽、福建、台湾、湖北、湖南、广东、广西、贵州、四川及云南等地。春、夏季可采摘嫩茎叶凉拌、炒食、做汤；根、茎可入药，有降血脂、通九窍、利关节、养气血等功效。

04 假龙头花 *Physostegia virginiana* Benth.

假龙头花属

多年生宿根草本。有匍匐状根茎。茎丛生而直立，四棱形。单叶对生，披针形，亮绿色，边缘具锯齿。穗状花序顶生，聚成圆锥状花序；每轮有花2朵，唇形花冠，花淡紫色、粉色、白色。小坚果。花期7～9月，果期8～10月。见于白洋淀庭院绿化带。原产北美洲。在我国栽培有半个多世纪。在园林绿化中用于创建人工群落和复层结构的植物景观。

05 华水苏 *Stachys chinensis* Bge. ex Benth.

水苏属

多年生草本。茎单一不分枝或基部分枝。叶对生，叶柄极短或无柄，长圆状披针形。轮伞花序常6花，组成疏散穗状花序；花萼钟形，5齿披针形，具刺尖头；花冠紫色，花冠筒内近基部有不明显的疏柔毛环，冠筒直伸，冠檐二唇形，上唇直立近圆形，下唇平展3裂，中裂片最大；花柱丝状，伸出雄蕊之上。小坚果卵圆状三棱形，褐色。花期6～8月，果期7～9月。见于端村镇淀内台地。生水沟旁及沙地。产于河北任丘、新河。分布于我国黑龙江、吉林、辽宁、内蒙古、河北、山西、陕西、甘肃等地。

荔枝草（雪见草）*Salvia plebeia* R.Br.

06 鼠尾草属

一年生或二年生草本。叶对生，长圆形或披针形，边缘有圆锯齿，叶表面有金黄色腺点。轮伞花序 2 ～ 6 花，在茎枝顶端密集成总状花序或总状圆锥花序；花萼钟形，散布黄褐色腺点；花冠淡蓝紫色，花冠筒内面中部有毛环，冠檐二唇形。小坚果倒卵圆形，光滑。花期 4 ～ 5 月，果期 6 ～ 7 月。见于白洋淀各地。生山坡、路旁、沟边。产于河北唐山、保定、沧州等地。除新疆、甘肃、青海及西藏外，全国各地均有分布。全草入药，有清热解毒、利尿消肿、凉血止血功效。

07 超级鼠尾草（林荫鼠尾草）*Salvia×superba* Stapf.

鼠尾草属

多年生宿根草本。植株丛生，全株被毛，茎基部略木质化。叶对生，长椭圆形或卵形，先端渐尖，叶面网状脉下陷，叶缘有粗齿，揉搓后有香味。总状花序直立顶生；花冠唇形，玫瑰红色或蓝紫色，有香气，花瓣上无醒目的白斑。果实近球形，种皮黑色。花期 5 ～ 8 月，果期 9 ～ 10 月。见于白洋淀景区栽培。全国各地均有引种栽培。用于花坛、花境布置或盆栽观赏。

五十三、茄科 Solanaceae

辣椒 *Capsicum annuum* L.

辣椒属

一年生栽培植物。茎近无毛或微生柔毛，分枝稍“之”字形折曲。叶互生，叶片卵状披针形，有长柄。花单生；花萼杯状；花冠白色。果实指状，初为绿色，后成红色，味辣；种子扁肾形。花果期 6 ～ 8 月。白洋淀各地均有栽培。原产于墨西哥，全国各地普遍栽培。果实作蔬菜及调味品。

曼陀罗 *Datura stramonium* L.

曼陀罗属

草本或半灌木状。茎下部木质化。叶广卵形，边缘波状浅裂。花单生枝叉间或叶腋；花萼筒部有 5 棱角；花冠漏斗状，下半部带绿色，上部白色或淡紫色，檐部 5 浅裂。蒴果卵状，表面生有坚硬针刺或无刺，规则 4 瓣裂；种子卵圆形，黑色。花期 6 ～ 10 月，果期 7 ～ 11 月。见于白洋淀各地。生于住宅旁、路边或草地。产于河北各地。分布于全国各地。全株有毒；花可药用，有麻醉等功效。

03 枸杞（中华枸杞）*Lycium chinense* Mill.

枸杞属

多分枝灌木。枝条有纵条纹，淡灰色。生叶和花的棘刺较长。叶卵形、卵状菱形、长椭圆形或卵状披针形。花在长枝上单生或双生叶腋，在短枝上同叶簇生；花萼 3 中裂或 4 ～ 5 齿裂；花冠漏斗状，淡紫色，裂片边缘有缘毛。浆果红色，卵状。花果期 6 ～ 10 月。见于白洋淀大河村荒地。生于山坡、荒地、丘陵地、盐碱地、路旁或村边宅院。产于河北各地。分布于我国东北、华北、西南、华东等地。果药用，可滋肝补肾，益精明目。

04 番茄 *Lycopersicon esculentum* Mill.

番茄属

一年生草本。全株被黏质腺毛，有强烈气味。叶羽状复叶或羽状深裂，小叶极不规则，常 5 ～ 9 枚，卵形或矩圆形，边缘有不规则锯齿或裂片。花序总梗长 2 ～ 5cm，常 3 ～ 7 朵花；花萼辐状，裂片披针形，果时宿存；花冠辐状，黄色。浆果扁球状或近球状，橘黄色或鲜红色；种子黄色。花果期夏、秋季。白洋淀各地均有栽培。原产南美洲。我国南北广泛栽培。果食用，含有丰富的胡萝卜素、维生素 C 和 B 族维生素。

05 酸浆 *Physalis alkekengi* L.

酸浆属

多年生草本。茎基部略带木质。叶长卵形至阔卵形，基部不对称狭楔形，下延至叶柄。花梗开花时直立，后向下弯曲；花萼阔钟状；花冠辐状，白色，阔而短。果萼卵状，橙色或火红色，顶端闭合，基部凹陷；浆果球状，橙红色；种子肾脏形，淡黄色。花期 5 ～ 9 月，果期 6 ～ 10 月。见于白洋淀南六村等地。生于村边、路旁或荒地。产于河北邢台、平泉、宽城满族自治县、宣化、永年、易县、磁县；北京；天津蓟县、武清。广布全国各地。根、宿萼或带有成熟果实宿萼可药用，清热解毒；果实可生食、糖渍、醋渍或作果浆；酸浆长势强，常作切花、多年生花坛，供观赏用。

06 茄 *Solanum melongena* L.

茄属

草本至亚灌木。植株被星状毛。茎直立，上部分枝，绿色或紫色。叶有长柄，互生，叶大，卵圆形至长圆状卵形，边缘呈波状。能孕花单生，花柄在花后常下垂，不孕花蝎尾状与能孕花并出；萼近钟形，裂片披针形；花冠辐状开展，蓝紫色，常5裂；雄蕊5，花药黄色。浆果大，白绿色或暗紫色，长圆形或近球形，有5裂的宿存花萼，外面被粗刺毛。花期6～8月，果期8～9月。白洋淀各地普遍栽培。我国南北各地均有栽培。果可供蔬食；根、茎、叶可入药，为收敛剂，有利尿的功效，叶可作麻醉剂；种子为消肿药，也为刺激剂，但容易引起胃弱及便秘；果生食可解食菌中毒。

07 龙葵 *Solanum nigrum* L.

茄属

一年生草本。叶卵形，先端短尖，基部楔形至阔楔形而下延至叶柄，全缘或每边具不规则波状粗齿。蝎尾状花序腋外生，由 3 ～ 6（10）花组成；花冠白色，筒部隐于萼内，冠檐 5 深裂。浆果球形，熟时黑色；种子多数，近卵形，两侧压扁。花果期 9 ～ 10 月。见于安新县西里村等地。喜生于田边、荒地或村庄附近。产于河北乐亭、蔚县、青龙满族自治县；北京怀柔等地。分布于全国各地。浆果和叶子均可食用；全株入药，可散瘀消肿，清热解毒。

五十四、玄参科 Scrophulariaceae

01 毛泡桐 *Paulownia tomentosa* (Thunb.) Steud.

泡桐属

落叶乔木。小枝绿褐色，具长腺毛。叶卵形或心脏形，全缘或 3 ～ 5 浅裂，上面毛稀疏，下面毛密生，呈树状分枝；叶柄密被腺毛及分枝毛。圆锥花序，花萼盘状钟形，分裂约 1/2；花冠紫色，漏斗状钟形。蒴果卵圆形；种子连翅长 3 ～ 4mm。花期 4 ～ 5 月，果期 9 ～ 10 月。白洋淀大王镇农舍周边多有栽培。河北邢台、邯郸等地均有栽培。分布于我国陕西、山东、河南、湖北、四川等地，栽培或野生。材质轻，弹性好，用于制作胶合板、乐器、模型等；叶能吸附烟尘及有毒气体，可用于城镇绿化及营造防护林。

02 地黄 *Rehmannia glutinosa* (Gaertn.) DC.

地黄属

多年生草本，密被灰白色长柔毛和腺毛。根茎肉质肥厚，鲜时黄色。茎单一或基部分生数枝，栽培条件下，茎紫红色。叶常基生，卵形至长椭圆形，上面绿色，下面略带紫色或紫红色，被白色长柔毛或腺毛。总状花序顶生，花萼钟状；花冠外紫红色，内黄紫色；雄蕊 4；花柱顶部扩大成 2 枚片状柱头。蒴果卵形至长卵形。花果期 4 ～ 7 月。见于白洋淀各地。生于山坡荒地、山脚、墙边或路旁。产于河北各地。分布于我国陕西、甘肃、山东、江苏、安徽、湖北等地。新鲜或干燥块根药用，有滋阴补肾、养血补血、凉血的功效，也有强心利尿、解热消炎、促进血液凝固和降低血糖的功效。

金鱼草 *Antirrhinum majus* L.

金鱼草属

多年生草本。叶披针形或长圆状披针形，先端渐尖，基部楔形，全缘，叶近无柄。总状花序；苞片卵形；花冠二唇形，外被绒毛，基部膨大成囊状，花色多样；花萼 5 裂。蒴果长圆形；具宿存花柱。夏秋开花。见于白洋淀景区。原产地中海沿岸。全国各地多有栽培。花色鲜艳多彩，是春、初夏最普通的花卉。适合群植于花坛、花境，与百日草、矮牵牛、万寿菊、一串红等配置效果尤佳。

五十五、紫葳科 Bignoniaceae

角蒿 *Incarvillea sinensis* Lam.

角蒿属

一年生草本。茎直立，具细条纹，被微毛。分枝上叶为互生，基部叶常对生，叶为2～3回羽状深裂或全裂，羽片4～7对，最终裂片为线形或线状披针形，叶缘具短毛。花红色，顶生总状花序；花萼钟状，5裂，花冠二唇形，内侧有时具黄色斑点；雄蕊4，2长2短；雌蕊着生于扁平花盘上，柱头扁圆形。蒴果长角状弯曲。花期5～8月，果期6～9月。见于白洋淀大王镇农舍周边。生山坡、河滩、路边和田野。产于河北各地。分布于我国内蒙古、山东、河北、河南、山西、陕西、宁夏、四川、甘肃、青海等地。全草入药，具有祛风湿和活血止痛之效。

凌霄 *Campsis grandiflora* (Thunb.) Schum.

凌霄花属

木质藤本。常借气生根攀附于他物上。奇数羽状复叶，对生。花排成顶生疏散的圆锥花序；花萼钟状，萼齿5；花冠钟状漏斗形，内面鲜红色，外面橙黄色；雄蕊4，2长2短；花柱线形，柱头扁平，2裂。蒴果顶端钝；种子具翅。花期6～8月，果期7～9月。见于白洋淀庭院栽培。河北、北京、天津庭院有栽培。分布于我国河北、山东、河南、福建、广东、广西、陕西、台湾等地。可供观赏；花、根、茎和叶均可入药。

五十六、胡麻科 Pedaliaceae

芝麻 *Sesamum indicum* L.

胡麻属

一年生草本。茎直立，四棱形。叶对生，上部者常互生，有柄。花单生或2～3朵生于叶腋；花冠白色；雄蕊4；子房上位，被柔毛。蒴果长圆状圆筒形，有纵棱，被毛，纵裂；种子多数。花期夏末秋初。全国各地均有栽培。种子可供食用和榨油，种子含油量高达55%；茎皮纤维可搓绳和织麻袋。

五十七、狸藻科 Lentibulariaceae

狸藻 *Utricularia vulgaris* L.

狸藻属

水生草本。有可活动囊状捕虫结构，能将小生物吸入囊中消化吸收。匍匐枝圆柱形，多分枝，无毛。叶互生，二回羽状分裂，裂片丝状，捕虫囊生于小裂片基部。花茎顶端着生总状花序，基部苞片卵形，透明膜质；花萼 2 裂达基部，裂片近相等，卵形至卵状长圆形，无毛；花冠唇形，顶端 3 浅裂；雄蕊 2；子房上位。蒴果球形，周裂；种子扁压，具 6 角和细小网状突起，褐色，无毛。花期 6 ～ 8 月，果期 7 ～ 9 月。见于白洋淀各地。生于池塘、沟渠、湿地等。分布于全国各地。适合用作水草造景。

五十八、车前科 Plantaginaceae

车前 *Plantago asiatica* L.

车前属

多年生草本。根茎短而肥厚，着生多数须根。基生叶直立，卵形或宽卵形，叶柄长 5 ～ 22cm。花葶数个，有短柔毛；穗状花序狭长，下部穗疏，上部紧密；每花具一苞，花

萼有短柄，花冠裂片披针形。蒴果。花期 4 ～ 8 月，果期 6 ～ 9 月。见于白洋淀湿地。生于草地、沟边、河岸湿地、田边、路旁或村边空旷处。分布几遍全国。全草可药用，具利尿、清热、明目、祛痰的功效。

平车前 *Plantago depressa* Willd.

车前属

多年生草本。主根圆锥状，不分枝或根部稍有分枝。叶基生，叶片纸质，椭圆形至倒披针形，边缘具不规则小齿，纵脉 5 ～ 7 条；叶柄基部有宽叶鞘或叶鞘残余。穗状花序；花冠筒状；雄蕊 4；雌蕊 1。蒴果。花期 5 ～ 7 月，果期 7 ～ 9 月。见于白洋淀各地。生于草地、河滩、沟边、田间或路旁。产于河北、北京、天津等地。分布于我国江苏、河南、安徽、江西、湖北、湖南、四川、云南、西藏等地。全草可药用；嫩叶可食；种子可制油。

五十九、茜草科 Rubiaceae

茜草 *Rubia cordifolia* L.

茜草属

多年生草质攀缘藤木，长可达 3.5m。茎多条，细长，方柱形，棱上生倒生皮刺。叶 4 片轮生，纸质，披针形或长圆状披针形，边缘有齿状皮刺，两面粗糙，脉上有微小皮刺；基出脉 3 条，极少外侧有 1 对很小的基出脉；叶柄有倒生皮刺。聚伞花序多回分枝，花序和分枝均细瘦，有微小皮刺；花冠淡黄色，干时淡褐色，花冠裂片近卵形，外面无毛。果球形，成熟时橘黄色或黑色。花期 8 ～ 9 月，果期 10 ～ 11 月。见于白洋淀沿岸各地。生于疏林、林缘、灌丛或草地。分布于我国东北、华北、西北等地。茜草是一种历史悠久的植物染料；茜草入药，能凉血止血、化瘀。

六十、忍冬科 Caprifoliaceae

红王子锦带 *Weigela florida* (Bge.) A. DC. cv. Red Princ

锦带花属

落叶灌木。叶对生，椭圆形至卵状长圆形或倒卵形，先端渐尖或骤尖，基部楔形，边缘有浅锯齿。聚伞花序，具 1 ～ 4 花；花冠胭脂红色，5 裂，漏斗状钟形，花冠筒中部以下变细。蒴果圆柱形，具短柄状喙，两瓣室间开裂。花期 5 ～ 6 月，果期 8 ～ 9 月。见于白洋淀景区。河北各地多有栽培。原产美国。我国浙江、山东、江苏、河北等地引种栽培。花色鲜艳，花期长，绿化观赏效果好。

忍冬（金银花）*Lonicera japonica* Thunb.

忍冬属

半常绿缠绕灌木。小枝有密柔毛。单叶对生，叶卵形至长圆状卵形，基部圆形至近心形，边缘有纤毛。总花梗单生叶腋，苞片叶状；花冠二唇形，外面有短柔毛及腺点，初开花白色，后变黄色，略带紫斑，花冠筒与裂片近等长。浆果离生，球形，黑色。花期 4 ～ 6 月，果期 10 ～ 11 月。见于白洋淀端村镇附近。河北各地栽培。我国北起辽宁，西至陕西，南达湖南，西南至云南、贵州均有分布。花药用，能清热、消炎；也供观赏。

03 金银忍冬 *Lonicera maackii* (Rupr.) Maxim.

忍冬属

落叶灌木。幼枝、叶两面脉上、叶柄、苞片、小苞片及萼檐外面都被短柔毛和微腺毛。叶卵状椭圆形至卵状披针形，稀矩圆状披针形或倒卵状矩圆形。聚伞、轮伞或两花并生。花芳香，生于幼枝叶腋；萼檐钟状，萼齿宽三角形或披针形；花冠先白色后变黄色，外被短伏毛或无毛，唇形；雄蕊与花柱长约达花冠的2/3。果实暗红色，圆形。花期5～7月，果期8～10月。见于白洋淀景区栽培。我国主产于东北、华北、西南等地区。全株药用；茎皮可制人造棉；花是优良蜜源，也可提取芳香油；园林绿化中常见的观花、观果树种。

六十一、葫芦科 Cucurbitaceae

01 盒子草 *Actinostemma tenerum* Griff.

盒子草属

一年生草本。茎攀缘状，有短柔毛。卷须分2叉；叶柄细，叶形变异大，心状戟形、心状狭卵形或披针状三角形。雌雄同株，雄花序常总状，总花梗纤细，雄花梗密生短柔毛，花萼裂片线状披针形，雄蕊5；雌花单生或稀雌雄同序，雌花梗中部有关节，子房卵状，有疣状突起，柱头2裂。果实盖裂，具2种子。花期7～9月，果期9～10月。见于白洋淀大田庄村等地。生于水边草丛。产于河北蔚县、安新、灵寿、永年。全国各地普遍分布。种子及全草可药用；种子含油，可作肥皂。

冬瓜 *Benincasa hispida* (Thunb.) Cogn.

冬瓜属

一年生粗大藤本。茎被黄褐色毛；卷须短，常分 2 或 3 叉，叶柄粗壮；叶近圆形，5 ～ 7 浅裂，背面被毛较硬，粗糙。花梗被硬毛。雄花梗长 5 ～ 15cm，雌花梗不及 5cm；花黄色；子房被硬毛。果实近球形或柱状长圆形，深绿色或白色斑纹，有毛，被白粉；种子白色。花期 7 ～ 8 月，果期 9 ～ 10 月。白洋淀有栽培。河北、北京、天津普遍栽培。果实可作蔬菜；也可浸渍为各种糖果；果实和种子药用，能消炎、利尿、消肿。

03 西瓜 *Citrullus lanatus* (Thunb.) Matsum. et Nakai

西瓜属

一年生蔓生草本。茎具长而密的柔毛，卷须较粗壮。叶柄有长柔毛；叶片三角状卵形，带白绿色，两面具短硬毛，基部心形。雌雄同株，花单生叶腋，花萼裂片狭披针形；花冠淡黄色，辐状；雄蕊 3；柱头 3。果大型，球形或椭圆形，肉质，多汁，果皮光滑，色泽及纹饰各式；种子多数，卵形，黑色、红色，两面平滑。花果期夏季。白洋淀有栽培。河北广泛栽培。全国各地均有栽培。西瓜为夏季水果，果肉味甜，能降温去暑；种子含油，可作消遣食品；果皮药用，有清热、利尿、降血压的功效。

04 甜瓜 *Cucumis melo* L.

黄瓜属

一年生匍匐或攀缘草本。茎枝有棱，有黄褐色短刚毛和疣状突起；卷须纤细，具短刚毛。叶片厚纸质，轮廓近圆形或肾形，两面具短刚毛，叶片基部楔形。雌雄同株；雄花簇生叶腋，雌花单生叶腋；雄花花梗密被白色长柔毛，花萼筒短钻形，花冠黄色，雄蕊花丝极短；雌花花梗粗糙有毛，子房长椭圆形，花柱极短，柱头靠合。果实球形或长椭圆形，有香味。花果期夏季。白洋淀有栽培，河北各地均有栽培。全国各地广泛栽培。果实为盛夏重要水果；瓜蒂可药用；果实作蔬菜；种子能化瘀、散结、生津。

05 黄瓜 *Cucumis sativus* L.

黄瓜属

一年生蔓生或攀缘草本。茎枝疏散伸长，有棱沟，具白色短刚毛；卷须细，不分叉，具白色柔毛。叶柄稍粗糙，有粗硬毛；叶片宽心状卵形，两面被粗硬短刚毛，多角形或 3 ～ 5 浅裂。雌雄同株，雄花常数朵簇生叶腋，花梗纤细，被长柔毛；花萼筒狭钟状或近圆筒状，密被白色长柔毛；花冠黄色；雄蕊 3 枚，花丝近无；雌花单生或簇生，花梗粗壮，被柔毛，子房纺锤形，常有小刺状突起。果实表面有刺状小瘤状突起；种子小，白色。花果期夏、秋季。白洋淀有栽培。河北各地均有栽培。全国各地广泛栽培。果实可菜用；茎可药用。

06 南瓜 *Cucurbita moschata* (Duch.) Poir.

南瓜属

一年生蔓生草本。茎常节部生根，被短刚毛。卷须分 3 或 4 叉，叶宽卵形或卵圆形，5 浅裂或有 5 角，两面密被绒毛，边缘有细齿。花雌雄同株，单生；雄花花托短，花萼裂片线形，上部扩大成叶状，花冠钟状，5 中裂，雄蕊 3；雌花花萼裂片显著叶状，子房 1 室，花柱短，柱头 3。果柄有棱或槽，果实常有纵沟。花果期夏、秋季。原产于我国南方。河北、北京、天津广泛栽培。全国各地普遍栽培。果实可作蔬菜；种子可药用，且含油，可食用。

西葫芦 *Cucurbita pepo* L.

07 南瓜属

一年生蔓生草本。茎须多分叉，有半透明粗糙毛。叶质硬，直立，常明显分裂，裂片尖端锐尖，两面有粗糙毛。花雌雄同株，单生，黄色；花萼裂片线状披针形；花冠筒常向基部渐狭呈钟状，分裂至近中部，顶端锐尖；雄蕊3，子房1室。果梗粗壮，有明显棱沟，果蒂变粗或稍扩大；果实形状因品种而异；种子卵形，白色，边缘拱起而钝。花果期夏、秋季。原产热带，主要为非洲及亚洲西部。河北各地广泛栽培。全国各地均有栽培。果实可作蔬菜。

丝瓜 *Luffa cylindrica* (L.) Roem.

08 丝瓜属

一年生攀缘草本。茎粗糙有棱沟，微被柔毛；茎须分2～4叉。叶柄粗糙，叶片三角形或近圆形，膜质，掌状5～7裂，边缘有小齿，两面粗糙有腺体，腺上有小柔毛。雌雄同株；雄花为总状花序，花萼筒宽钟形，被短柔毛，萼片具3条脉，花冠黄色，辐状，花冠裂片具3条主脉，雄蕊3枚；雌花单生，柱头3。果实圆柱形，常有浅沟或条纹，无棱；种子多数，黑色。花果期夏、秋季。原产印度。河北有栽培。全国各地普遍栽培。果实可作蔬菜；果熟时果皮的网状纤维晒干后称丝瓜络，供药用，可清凉利尿、活血、通经、解毒。

苦瓜 *Momordica charantia* L.

苦瓜属

一年生攀缘草本。茎被柔毛，卷须不分叉。叶柄细，初时被柔毛，最后变近无毛；叶肾形或近圆形，5 ～ 7 深裂，两面被毛。雌雄同株，花单生，花梗长 5 ～ 15cm，苞片叶状，全缘；花萼裂片卵状披针形；花冠黄色，裂片倒卵形；雄蕊 3，离生；柱头 3。果实纺锤形或椭圆形；种子多数，具红色假种皮。花果期夏、秋季。河北有栽培。全国各地普遍栽培。果实可作蔬菜；根药用，能清热解毒。

栝楼 *Trichosanthes kirilowii* Maxm.

栝楼属

多年生攀缘草本。块根横生，粗大肥厚，黄色。叶片宽卵状心形或扁心形，3 ～ 5 浅裂至深裂。雄花排成总状花序，上端着生 3 ～ 8 朵花；小苞片菱状倒卵形，中部以上不规则大齿；萼片线形，全缘；花冠白色；雌花单生。果实宽卵状椭圆形至球形。花果期 7 ～ 11 月。见于白洋淀大堤边。生山坡草丛。河北各地栽培或野生。分布于我国长江流域等地。根（天花粉）供药用，可涂敷湿疹和其他皮肤病；果实（栝楼）煎汁为产妇下乳药；种子（栝楼仁）为镇咳祛痰药。

六十二、菊科 Compositae

黄花蒿 *Artemisia annua* L.

蒿属

一年生草本。全株鲜绿色，有浓烈的挥发性香气。茎、枝、叶两面及总苞片背面无毛或初时背面微有极稀疏短柔毛，后脱落无毛。基部及下部叶花期枯萎；中部叶卵形，二或三回羽状全裂栉齿状。头状花序球形，下垂，排成总状；总苞片 2 或 3 层，边缘膜质；边花雌性，中央小花两性，花序托无托毛。瘦果椭圆状卵形，红褐色。花果期 8 ～ 10 月。见于白洋淀大河村。生于河边、沟谷、山坡、荒地或居民点附近。产于河北各地，极为普遍。我国北方各地常见杂草；黄花蒿入药，作清热、解暑、截疟、凉血用，还作外用药；也可作香料、牲畜饲料。黄花蒿含挥发油、青蒿素、黄酮类化合物等。其中，青蒿素为抗疟的主要有效成分。

艾蒿 *Artemisia argyi* Lévl. et Van.

蒿属

多年生草本或略呈半灌木状。植株有浓烈香气，被密绒毛。茎单生或少数，褐色或灰黄褐色。叶表面灰绿色，密布白色腺点，背面密被蛛丝状毛；上部叶渐小。头状花序排成复总状；总苞钟形，密被蛛丝状毛，边缘宽膜质；边花雌性，盘花两性，花冠管状钟形，红紫色。瘦果长圆形。花果期 7 ～ 10 月。见于白洋淀南六村等地。生于山坡或岩石旁。产于河北兴隆雾灵山、蔚县小五台山。分布于我国东北、华北、华东、西北地区。叶药用，有散寒、止痛、温经、止血的功效；艾叶晒干捣碎得“艾绒”，制艾条供艾灸用，又可作“印泥”的原料。

蒙古蒿 *Artemisia mongolica* Fisch. ex Bess.

蒿属

多年生草本。茎直立，单生。茎生叶花期枯萎，中部叶羽状深裂或二回羽状深裂，裂片披针形，上面绿色，下面密被白色蛛丝状毛。头状花序总苞片 3 或 4 层，外层总苞片较小，卵形或狭卵形；中层总苞片长卵形或椭圆形，背面密被灰白色蛛丝状毛；内层总苞片椭圆形，背面近无毛；花紫红色。瘦果矩圆形。花果期 8 ～ 10 月。见于白洋淀大河村。生于荒地、耕地或路旁。产于河北承德、蔚县小五台山、阜平龙泉关。分布于我国东北、华北和西北各地。全草入药，有温经、止血、散寒、祛湿等功效；叶可提取芳香油，供化工工业用；全株可作牲畜饲料，也可作纤维与造纸原料。

猪毛蒿 *Artemisia scoparia* Waldst. et Kit.

蒿属

多年生或近一年生、二年生草本。植株有浓烈香气。茎常单生，红褐色或褐色，有纵纹。叶近圆形或长卵形，二至三回羽状全裂，具长柄，花期叶凋谢。头状花序极多数，花序托小；雌花 5 ～ 7 朵，两性花 4 ～ 10 朵，不孕育。瘦果倒卵形或长圆形，褐色。花果期 7 ～ 10 月。见于白洋淀大阳村。生于山坡、旷野或路边荒地。产于河北张家口、北戴河、兴隆雾灵山。遍布全国。幼苗常作茵陈蒿入药，治疗黄疸型肝炎。

05 蒌蒿 *Artemisia selengensis* Turcz. ex Bess.

蒿属

多年生草本，植株具清香气味。下部叶花期枯萎；中部叶密集，羽状深裂，侧裂片1或2对，披针形，边缘有规则的锐锯齿；上部叶3深裂或不裂，边缘有齿或全缘。头状花序密集成狭长的复总状花序；总苞片3或4层，边缘宽膜质；边花雌性，盘花两性。瘦果长圆形，褐色。花果期7～9月。见于任丘七间房乡。生于林缘或河边。产于河北兴隆雾灵山、塞罕坝。分布于我国陕西、山西等地。富含硒、锌、铁等多种微量元素，常栽培作野菜食用。

06 茵陈蒿 *Artemisia capillaris* Thunb.

蒿属

多年生草本或半灌木。植株有浓烈香气。茎、枝初时密生绢质柔毛，后脱落。营养枝端密集叶丛，基生叶密集着生，常莲座状；叶卵状椭圆形，二回羽状分裂，下部叶裂片宽短；中部以上叶裂片细，线形；上部叶羽状分裂。头状花序在枝端排成复总状；总苞卵形，3～4层；边花雌性，中央小花两性，管状；花序托凸起，无托毛。瘦果长圆形，暗褐色，无毛。花果期8～10月。白洋淀各地常见。生于山坡、路旁、荒地。产于河北小五台山。我国南北各地均有分布。嫩茎叶入药，能清热、利湿、退黄，治黄胆型肝炎。

07 鬼针草（婆婆针）*Bidens bipinnata* L.

鬼针草属

一年生草本。茎直立，钝四棱形。茎下部叶较小，很少为具小叶的羽状复叶，两侧小叶椭圆形或卵状椭圆形。头状花序，总苞外层苞片披针形；无舌状花，盘花筒状。瘦果黑色，顶端芒刺 3 或 4 枚，具倒刺毛。花期 8 ～ 9 月，果期 9 ～ 10 月。见于白洋淀大河村。生于村旁、路边或荒地。产于河北昌黎、北戴河、灵寿、平山、赞皇、易县西陵镇等地。分布于我国东北、华北、华东、华南、西南等地。民间常用作草药，有清热解毒、散瘀活血的功效。

08 金盏银盘 *Bidens biternata* (Lour.) Merr. et Sherff

鬼针草属

一年生草本。茎直立，略具四棱，无毛或被稀疏卷曲短柔毛。一回羽状复叶，顶生小叶卵形至长圆状卵形或卵状披针形，边缘具稍密且近于均匀的锯齿，两面均被柔毛；侧生小叶 1 或 2 对，卵形或卵状长圆形。头状花序，总苞内层苞片背面有深色纵条纹；舌状花不育，淡黄色，先端 3 齿裂。瘦果被小刚毛，顶端具芒刺。花期 8 ~ 9 月，果期 9 ~ 10 月。见于白洋淀淀边。生于路边、村旁或荒地阴湿地。产于河北各地。分布于我国华南、华东、西南等地。全草具清热解毒、活血散瘀的功效。

狼把草 *Bidens tripartita* L.

鬼针草属

一年生草本。茎常由基部分枝，无毛。叶对生，叶柄有狭翅，中部叶 3 ～ 5 裂，顶裂片大，上部叶 3 深裂或不裂。头状花序球形或扁球形；总苞片 2 列，内列披针形，干膜质，与头状花序等长或稍短，外列披针形或倒披针形，比头状花序长，叶状；花黄色，全为两性管状花。瘦果倒卵状楔形，顶端有芒刺 2。花期 8 ～ 9 月，果期 9 ～ 10 月。见于安新县端村镇。生于路边荒野或水边湿地。产于河北昌黎、宣化、灵寿、平山、赞皇、遵化东陵满族自治乡、蔚县小五台山。分布于我国东北、华北、华东、西南等地。全草入药，能清热解毒；加工成干草粉，可作配合饲料的原料。

10 大狼把草 *Bidens frondosa* L.

鬼针草属

一年生草本。茎直立，多分枝，常带紫色。一回羽状复叶，对生，具柄；小叶 3 ～ 5 枚，披针形，先端渐尖，边缘有粗锯齿。头状花序单生；总苞钟状或半球形，外层苞片披针形或匙状倒披针形，内层苞片长圆形，具淡黄色边缘；无舌状花或舌状花不育，筒状花两性。瘦果狭楔形，顶端芒刺 2 枚，有侧束毛。花果期 8 ～ 10 月。见于白洋淀端村镇附近水边。生田野湿润处，耐盐碱。河北各地多有分布。原产于北美。我国河北、吉林、江苏、辽宁、浙江等地有分布。全草入药，有强壮、清热解毒功效。

11 飞廉 *Carduus crispus* L.

飞廉属

二年生或多年生草本。茎单生或少数茎成簇生，多分枝，有数行纵列的绿色翅，翅上具齿刺。叶互生，中下部茎叶长卵圆形或披针形，羽状深裂，边缘具缺刻状牙齿，齿端及叶缘具不等长细刺；向上茎叶渐小；全部茎叶两面同色，沿脉被多细胞长节毛。头状花单生茎顶或长分枝顶端，总苞片 7 或 8 层；小花紫红色。瘦果褐色；冠毛灰白色。花果期 6 ～ 10 月。见于白洋淀端村镇、大田庄村。生于荒地、路旁或田边。产于河北兴隆雾灵山、蔚县小五台山。分布于全国各地。飞廉是中国传统中药材，有祛风、清热、利湿、凉血散瘀的功效。

12 矢车菊 *Centaurea cyanus* L.

矢车菊属

一年生或二年生草本。茎被薄蛛丝状卷毛。基生叶及下部叶常具侧裂片 1 ～ 3 对，顶裂片较大；茎中部叶线状披针形，茎上部叶渐小；全部茎叶两面异色或近异色，上面绿色或灰绿色，被稀疏蛛丝毛或脱毛，下面灰白色，被薄绒毛。头状花序在茎枝顶端排成伞房花序或圆锥花序，总苞 7 层，顶端有浅褐色或白色附属物，沿苞片短下延，边缘流苏状锯齿；盘花蓝色、白色、红色或紫色。瘦果椭圆形，有细条纹，被稀疏白色柔毛；冠毛白色或浅土红色。花果期 3 ～ 8 月。见于白洋淀端村镇、圈头乡。原产于欧洲，河北各地常见栽培。我国各地均有分布。庭院绿化植物、观赏植物和蜜源植物。

 13 野蓟 *Cirsium maackii* Maxim.

蓟属

多年生草本。茎直立，被多细胞节毛，特别是接头状花序下部，有稠密绒毛。基生叶和下部茎叶长椭圆形、披针形或披针状椭圆形，全部叶两面异色，上面绿色，沿脉被稀疏多细胞节毛，下面灰色或浅灰色，被稀疏绒毛，或至少上部叶两面异色。头状花序单生茎

端或在茎枝顶端排成伞房花序；全部苞片背面有黑色黏腺；小花紫红色。瘦果偏斜倒披针形，顶端截形；冠毛刚毛长羽毛状，白色，基部连合成环，整体脱落。花果期 6 ～ 9 月。白洋淀大河村有大片生长。生于山坡草地、林缘、草甸或林旁。产于河北围场、宽城都山。分布于我国山东、江苏、安徽、浙江等地。根具凉血止血、行瘀消肿的功效。

14 刺儿菜 *Cirsium setosum* (Willd.) MB.

蓟属

多年生草本。具匍匐根茎。茎直立，有棱，幼茎被白色蛛丝状毛，上部有分枝。叶互生，基生叶花时凋落，下部和中部叶椭圆形或椭圆状披针形，表面绿色，背面淡绿色，两面有白色蛛丝状毛，几无柄，叶缘有细密针刺。头状花序单生茎端；总苞卵形、长卵形或卵圆形，总苞片约 6 层，具针刺；小花紫红色或白色。瘦果淡黄色，椭圆形或偏斜椭圆形；冠毛污白色，刚毛长羽毛状。花果期 5 ～ 9 月。见于白洋淀各村镇。生于撂荒地、耕地、路边或村庄附近。全国各地均有分布。优质野菜；全草入药，有凉血止血、祛瘀消肿的功效。

小蓬草 *Conyza canadensis* L.

白酒草属

越年生或一年生草本。茎具粗糙毛和细条纹。叶互生，叶柄短或不明显；叶片条状披针形或矩圆形，基部狭，顶端尖，全缘或微锯齿，边缘有长睫毛。头状花序密集成圆锥状或伞房状；总苞片边缘膜质；边缘为白色舌状花，中部为黄色筒状花。瘦果扁平，矩圆形，具斜生毛，冠毛 1 层，白色刚毛状，易飞散。花期 5 ～ 7 月，果期 8 ～ 10 月。见于白洋淀各村镇。生于旷野、荒地、田边、河谷、沟旁或路边。原产于北美，归化植物。产于河北各地。广布于全国各地。常见杂草；茎叶可作猪饲料；全草入药，能消炎止血、祛风湿。

16 两色金鸡菊 *Coreopsis tinctoria* Nutt.

金鸡菊属

一年生草本。无毛。茎直立，上部有分枝。叶对生，中下部叶具长柄，二回羽状分裂，裂片线状披针形，全缘；上部叶无柄或下延成翅状柄。头状花序排成伞房状或疏圆锥状花序；总苞半球形，总苞片外层较短，内层卵状长圆形；舌状花黄色，管状花红褐色。瘦果顶端有 2 细芒。花果期 5 ～ 9 月。见于白洋淀景区道旁。原产于北美洲。全国各地庭院广为栽培。观赏植物。

17 波斯菊 *Cosmos bipinnatus* Cav.

秋英属

一年生或多年生草本。叶二回羽状深裂至全裂，裂片线形，叶柄长 5 ～ 20mm。头状花序单生于枝端；总苞片外层披针形或线状披针形，近革质，淡绿色，具深紫色条纹，内层椭圆状卵形，膜质；舌状花粉红色，偶紫红色或白色，舌片顶端有 3 ～ 5 钝齿；管状花多数，黄色。瘦果黑色，具 4 纵沟，先端具喙。花期 6 ～ 8 月，果期 9 ～ 10 月。白洋淀景区及各村镇多有栽培。路旁、田埂或溪岸也常自生。原产于墨西哥。全国各地普遍栽培。露地庭院、花坛观赏草花。

18 黄花波斯菊（黄秋英）*Cosmos sulphureus* Cav.

秋英属

一年生或多年生草本。茎多分枝，具条棱。叶二或三回羽状深裂，裂片披针形，先端急尖。头状花序单生枝端；总苞半球形；舌状花橘黄色，先端具Ⅲ齿；管状花黄色，顶端Ⅴ浅裂。瘦果纺锤形，具Ⅳ纵沟，先端具长喙。花期 6 ～ 8 月，果期 9 ～ 10 月。见于白洋淀景区道旁。原产于墨西哥。河北、北京、天津较常见。全国各地均有栽培。夏日花坛、庭院栽培花卉。

19 鳢肠 *Eclipta prostrata* (L.) L.

鳢肠属

一年生草本。茎直立或匍匐，自基部或上部分枝，绿色或红褐色，被伏毛。茎、叶折断后有墨水样汁液。叶披针形，对生，被粗伏毛。头状花序腋生或顶生；总苞片 2 轮，有毛，宿存；边花白色，2 裂；中央的淡黄色，4 裂。舌状花瘦果四棱形，筒状花瘦果三棱形，表面有瘤状突起，无冠毛。花期 6 ～ 8 月，果期 9 ～ 10 月。见于白洋淀淀内湿地。生于水边、田边、沟边或湿草地。产于河北大部分地区。分布于全国各地。全草入药，具清热解毒、凉血、止血、消炎消肿的功效。

20 天人菊 *Gaillardia pulchella* Foug.

天人菊属

一年生草本。茎中部以上多分枝，分枝斜升，被短柔毛或锈色毛。下部叶匙形或倒披针形，边缘具波状钝齿、浅裂至琴形分裂；上部叶长椭圆形、倒披针形或匙形，全缘或偶有 3 浅裂。头状花序总苞片披针形，背面有腺点；舌状花紫红色，端部黄色，顶端 2 或 3 裂；管状花顶端渐尖成芒状，被节毛。瘦果基部被长柔毛，冠毛鳞片状。花果期 6 ～ 9 月。见于白洋淀景区道旁。河北各地庭院时有栽培。原产北美洲。我国中部、南部广为栽培。观赏草花，可作花坛、花丛材料；耐风、抗潮、耐旱，是良好的防风固沙植物。

向日葵 *Helianthus annuus* L.

向日葵属

一年生草本。茎直立，粗壮，圆形多棱角，被白色粗硬毛。叶互生，心状卵形或卵圆形，有基出三脉，边缘具粗锯齿，两面粗糙，被毛，有长柄。头状花序单生茎顶或枝端，常下倾；边缘生不结实的黄色舌状花，中部为能结实的两性管状花。瘦果果皮木质化，灰色或黑色，称葵花籽。花果期 7 ～ 10 月。白洋淀淀内湿地及各村镇多有栽培。原产于北美洲。全国各地多有栽培。瘦果可榨油；花穗、种子壳及茎秆可作饲料。

22 菊芋 ***Helianthus tuberosus*** **Parry**

向日葵属

多年生草本。具块茎和纤维状根。茎直立，有分枝，被白色短糙毛或刚毛。叶常对生，下部叶卵状长圆形，离基三出脉；上部叶宽披针形，基部渐狭成短翅状。头状花序在茎顶成伞房状；总苞半球形，苞片背面被短伏毛；管状与舌状花黄色。瘦果上端具 2 ～ 4 个锥状扁芒。花期 8 ～ 9 月，果期 9 ～ 10 月。见于白洋淀景区及各村镇道边。野生或栽培。耐瘠薄，除酸性土壤、沼泽和盐碱地带不宜种植外，废墟、宅边或路旁都可生长。原产于北美洲。全国各地广为栽培。块茎盐渍可供食用，也可制菊糖和乙醇。

23 泥胡菜 *Hemisteptia lyrata* (Bge.) Bge.

泥胡菜属

一年生草本。茎单生，具纵棱，被稀疏蛛丝毛，上部常分枝，少有不分枝。叶互生，基生叶长椭圆形或倒披针形，花期常枯萎；中下部茎叶与基生叶同形，全部叶大头羽状深裂或几全裂；两面异色，上面绿色，无毛，下面灰白色，被绒毛。头状花序在茎枝顶端排成疏松伞房花序；总苞片多层；小花紫色或红色。瘦果圆柱形，具纵棱及白色冠毛。花果期 3 ～ 8 月。见于白洋淀平王乡、大河村。生于路边荒地、农田或水沟边。产于河北北戴河、遵化东陵满族自治乡、易县西陵镇、蔚县小五台山。全国各地均有分布。全草入药，有清热解毒、消肿散结的功效；也是一种野生牧草。

24 阿尔泰狗娃花 *Heteropappus altaicus* (Willd) Novopokr.

狗娃花属

多年生草本。茎直立，被上曲或有时开展的毛，上部常有腺，上部或全部有分枝。基部叶在花期枯萎；下部叶条形或矩圆状披针形，倒披针形，或近匙形，全部叶两面或下面被粗毛或细毛，叶两面常有腺点。头状花序单生枝端或排成伞房状；总苞半球形，2 或 3 层，常有腺体，边缘膜质；舌状花浅蓝紫色，矩圆状条形。瘦果被绢毛，上部有腺体；冠毛污白色或红褐色。花果期 5 ～ 9 月。见于白洋淀端村镇。生于山坡草地、干草坡或路旁草地。产于河北各地。分布于我国东北、华北、西北等地。全草入药，有清热降火、润肺止咳的功效。

25 狗娃花 *Heteropappus hispidus* (Thunb.) Less.

狗娃花属

一年生或二年生草本。叶全缘，质薄；茎下部叶狭长圆形；中部叶长圆状披针形；上部叶线形。头状花序在枝顶排成圆锥伞房状；总苞半球形；总苞片 2 层，线状披针形；舌状花舌片淡蓝色或白色，管状花多数，黄色。瘦果倒卵形，密被硬毛。花果期 7 ～ 10 月。见于白洋淀端村镇附近。生于山野、荒地、林缘和草地。河北各地均有分布。广布于我国北方地区。根入药，有解毒、消炎功效。

26 旋覆花 *Inula japonica* Thunb.

旋覆花属

多年生草本。茎单生，有时 2 或 3 个簇生，直立，被长伏毛，或下部有时脱毛，上部有上升或开展分枝。基部叶在花期枯萎；中部叶长圆形、长圆状披针形或披针形，常有圆形半抱茎小耳，无柄，上面有疏毛或近无毛，下面有疏伏毛和腺点；中脉和侧脉有密长毛；上部叶渐狭小，线状披针形。头状花序排成伞房花序，花序梗细长；总苞半球形，总苞片约 6 层，线状披针形；舌状花黄色。瘦果具沟，顶端截形；冠毛白色。花期 6 ~ 10 月，果期 8 ~ 11 月。见于白洋淀大王镇。生于山坡路旁、湿润草地、河岸或田埂。产于河北张家口、昌黎、北戴河、蔚县小五台山。分布于我国北部、东北部、中部、东部各省份。根及茎叶或地上部均可入药，治刀伤、疔毒，煎服可平喘镇咳。

27 欧亚旋覆花 *Inula britanica* L.

旋覆花属

多年生草本。叶长椭圆状披针形，下部渐狭，基部宽大，心形耳状半抱茎。头状花序1～5个排列成伞房状；总苞片4～5层，线状披针形，有腺点和缘毛；舌状花黄色。瘦果有浅沟，被短毛。花期7～9月，果期8～10月。见于白洋淀大阳村附近。生于山坡路旁、湿润草地、河岸和田埂。分布于我国东北、华北等地。花供药用，能祛痰。

28 母菊 *Matricaria recutita* L.

母菊属

一年生草本。全株无毛。叶无柄，二回羽状全裂，裂片线形，顶端具短尖头，基部近于抱茎。头状花序单生枝端，排成伞房状；总苞2～4层，苍绿色或黄色，披针形，边缘白色膜质；舌状花白色，反折；管状花黄色，端5裂。瘦果倒圆锥形，褐色。花果期5～7月。见于白洋淀景区道旁。河北各地庭院有栽培。分布于中国新疆北部和西部河谷旷野、田边。观赏植物；花含芳香油，可作调香原料；头花可入药，有发汗和镇痉的功效。

29 黑心金光菊 *Rudbeckia hirta* L.

金光菊属

一年生或二年生草本。被粗硬毛。下部叶长圆状卵形，基部楔形，具 3 脉，边缘有细锯齿；中上部叶长圆状披针形，两面被白色密硬毛。头状花序有长花序梗；总苞片外层长圆形，内层披针状线形，顶端钝，全部被白色刺毛；舌状花鲜黄色，顶端有 2 或 3 齿；盘花管状，暗紫色。瘦果四棱形，黑褐色。花果期 5 ～ 9 月。见于白洋淀景区道旁。原产于北美洲。河北各公园、庭院广为栽培。全国各地均有种植。观赏草花。

30 二色金光菊 *Rudbeckia bicolor* Nutt.

金光菊属

一年生草本。被硬毛。茎单一或有分枝。叶披针形、长圆形或倒卵形，无柄，全缘。头状花序边花舌状，黄色或下半部黑色；盘花管状，黑色；花柱分枝顶端具钻形附器，被锈毛。瘦果具 4 棱或近圆柱形，稍压扁，上端钝或截形；冠毛短冠状或无冠毛。花期 7 ～ 9 月。见于白洋淀湿地沿岸地区。原产于北美洲。河北各公园、庭院偶见栽培。我国各地常见栽培，观赏草花。

31 苍耳 *Xanthium sibiricum* Patrin ex Widder.

苍耳属

一年生草本。茎被灰白色糙伏毛。叶三角状卵形或心形，近全缘或有 3 ～ 5 片不明显浅裂，有三基出脉。雄性头状花序球形，总苞片长圆状披针形；雌性头状花序椭圆形，外层总苞片披针形，被短柔毛，内层总苞片结合成囊状，宽卵形或椭圆形，绿色，淡黄绿色或有时带红褐色。总苞片在瘦果成熟时变坚硬，外面具疏生钩状刺。花期 7 ～ 8 月，果期 9 ～ 10 月。见于白洋淀留通村、大阳村。生于山坡、草地或路旁。产于河北各地。分布于我国东北、华北、华东、华南、西北及西南地区。常见田间杂草。种子可榨油；果实供药用；全株有毒，种子毒性较大。

32 百日菊 *Zinnia elegans* Jacq.

百日菊属

一年生草本。茎直立，被糙毛或长硬毛。叶宽卵圆形，基部心形抱茎，全缘；叶下面被密的短糙毛，基出三脉。头状花序单生枝端；总苞宽钟状，总苞片多层，宽卵形或卵状椭圆形，苞片边缘黑色，片上具三角流苏状紫红色附片；舌状花深红色、玫瑰色、堇紫色或白色，管状花黄色或橙色。瘦果具3棱。花期6～9月，果期7～10月。见于白洋淀景区道旁。原产于墨西哥。全国各地栽培广泛，有时野生。夏日草花，有单重瓣、卷叶、皱叶和各种不同颜色的园艺品种。

中华苦荬菜 *Ixeris chinensis* (Thunb) Nakai

苦荬菜属

多年生草本。根状茎极短缩。基生叶线形，基部渐狭成有翼的柄，全缘；茎生叶长披针形，有明显的耳状抱茎。头状花序排成伞房花序；舌状花黄色，干时带红色。瘦果褐色，有突出的钝肋，肋上有小刺毛。花期 4 ～ 6 月，果期 5 ～ 8 月。见于白洋淀各村镇。生于山坡路旁、田野、河边灌丛或岩石缝隙。产于河北北戴河、遵化东陵满族自治乡、蔚县小五台山、涞源白石山。分布于我国黑龙江、山西、江西等地。嫩叶可食或作饲料；全草入药，有清热解毒的功效。

剪刀股（鸭舌草）*Ixeris japonica* (Burm. f.) Nakai

苦荬菜属

多年生草本。全株无毛，具匍匐茎。基生叶莲座状，叶基部下延成柄，叶匙状倒披针形至倒卵形，全缘、具疏锯齿或下部羽状分裂；花茎上叶 1 ～ 2 枚，全缘，无柄。头状花序在茎枝顶端排成伞房状；总苞钟状，2 ～ 3 层；舌状花黄色。瘦果褐色，纺锤形；冠毛白色。花期 4 ～ 5 月，果期 6 ～ 8 月。见于白洋淀端村镇附近淀边。生海边低湿地、路旁及荒地。河北各地偶有分布。分布于我国东北、华东等地区。全草入药，有清热解毒，利尿消肿之功效。

35 抱茎苦荬菜 *Ixeris sonchifolia* Hance.

苦荬菜属

多年生草本。具白色乳汁。茎上部多分枝。基部叶具短柄，倒长圆形，基部楔形下延，边缘具齿或不整齐羽状深裂；中部叶无柄，中下部叶线状披针形，上部叶卵状长圆形，先端渐狭成长尾尖，基部变宽成耳形抱茎，全缘，具齿或羽状深裂。头状花序组成伞房状圆锥花序；总苞圆筒形；舌状花多数，黄色。果实黑色，具细纵棱；冠毛白色，刚毛状。花期 4 ～ 5 月，果期 5 ～ 6 月。见于白洋淀各村镇。生于平原、山坡、荒地或路旁。产于河北遵化东陵满族自治乡、青龙老岭、都山、蔚县小五台山、阜平龙泉关。我国东北、华北地区广泛分布。全草入药；也可作饲料。

36 山莴苣 *Lactuca indica* L.

莴苣属

多年生草本。茎直立，常单生，淡红紫色，茎枝光滑无毛。中下部茎叶披针形、长披针形或长椭圆状披针形，向上的叶渐小，与中下部茎叶同形；全部叶两面光滑无毛。头状花序排成圆锥花序；总苞片 3 或 4 层，苞片边缘紫红色；舌状花黄色。瘦果黑色，边缘有宽翅；冠毛白色。花果期 7 ～ 10 月。见于白洋淀小阳村。生于山坡、灌丛、田间或路旁草丛。产于河北北戴河、兴隆雾灵山、蔚县小五台山、涞源白石山。全国各地分布。优良饲用植物；幼苗和嫩茎、叶适于食用。

蒲公英 *Taraxacum mongolicum* Hand.-Mazz.

蒲公英属

多年生草本。根圆锥状，表面棕褐色，皱缩。叶边缘具波状齿或羽状深裂，基部渐狭成柄；叶柄及主脉常带红紫色。花葶密被蛛丝状白色长柔毛；头状花序总苞钟状；舌状花黄色。瘦果倒卵状披针形，暗褐色；冠毛白色。花期 4 ～ 9 月，果期 5 ～ 10 月。见于白洋淀各村镇。生于山坡草地、路边、田野或河滩。产于河北遵化、宣化、阜平、兴隆雾灵山、蔚县小五台山。分布于我国东北、华北、华东、西北、西南地区。全草入药，有清热解毒、利尿散结的功效；蒲公英可生吃、炒食、做汤，是药食兼用植物。

六十三、香蒲科 Typhaceae

01 水烛 *Typha angustifolia* L.

香蒲属

多年生水生或沼生草本。根状茎横生泥中，生多数须根。地上茎直立，粗壮。叶狭线形，深绿色，背部隆起。穗状花序圆柱形，雌雄花序不连接，两者间距离一般在0.5～12cm；雄花序在上，雌花序在下，有时明显分成两段。小坚果长椭圆形，具褐色斑点，纵裂；种子深褐色。花果期6～9月。见于白洋淀湿地。生于水边、池塘或浅水沼泽。产于河北迁安、唐海、涞源、武强、灵寿、永年、成安。分布于我国河南、湖北、四川、云南、陕西、甘肃、青海等地。花粉药用；叶供编织；蒲绒可作枕头、沙发等填充物。

02 黑三棱 *Sparganium stoloniferum* (Graebn.) Buch.-Ham. ex Juz.

黑三棱属

多年生草本，根状茎横生。叶线形，基部稍变宽成鞘，中脉明显，茎上部叶渐小。雌花序1～2个，雄花序多个，球形；花密集，花被片3～4，膜质。聚花果近陀螺状，顶端金字塔状。花果期7～9月。见于白洋淀淀边。产河北石家庄、保定、涉县、临漳、井陉、鹿泉。生水塘或沼泽地。分布于我国东北、华北、西北等地。块茎药用，具破瘀、行气、消积、止痛、通经、下乳等功效；亦用于花卉观赏。

六十四、泽泻科 Alismataceae

慈姑 *Sagittaria trifolia* L. var. *sinensis* (Sims.) Makino

慈姑属

多年生沼泽或水生草本。匍匐枝顶端膨大成球茎。叶有长柄，三角状箭形，两侧裂片较顶端裂片略长。总状花序顶生，花 3 ～ 5 朵一轮，单性；下部雌花，有短梗，上部雄花，梗细长；外轮花被片 3，萼片状；内轮花被片 3，花瓣状，白色，基部常有紫斑；心皮多数，密集成球形。瘦果斜倒卵形，扁平，背腹两面有薄翅。花果期 7 ～ 9 月。见于白洋淀端村镇附近。河北各地池塘多有栽培。我国分布于长江流域及其以南各省，太湖沿岸及珠江三角洲为主产区。球茎供食用，富含淀粉、蛋白质和多种维生素，和钾、磷、锌等微量元素，对人体机能有调节促进作用。药用有解毒利尿、防癌抗癌、散热消结、强心润肺之功效。

六十五、花蔺科 Butomaceae

花蔺 *Butomus umbellatus* L.

多年生草本，根状茎粗壮坚硬，横生。叶基生，线形，基部三棱状，宽 3 ～ 10 mm，伞形花序顶生，具 3 枚苞片；外轮花被片 3，萼片状，带紫色；内轮花被片 3，花瓣状，淡红色；雄蕊 9，花药带红色。蓇葖果，熟时腹缝开裂。花期 5 ～ 8 月，果期 9 ～ 10 月。见于白洋淀景区湿地木栈道附近。产于河北承德、石家庄、任丘、曹妃甸、迁西、丰南、怀安、香河、霸县、正定。生水边或沼泽。分布于我国内蒙古、山西、山东、河南、陕西、新疆、江苏等地。根茎富含淀粉；花、叶可供观赏；叶可作编织及造纸原料。

六十六、眼子菜科 Potamogetonaceae

01 菹草 *Potamogeton crispus* L.

眼子菜属

多年生沉水草本，具近圆柱形根茎。茎稍扁，多分枝，节处生须根。叶条形，无柄，叶缘稍浅波状；休眠芽腋生，革质叶左右二列密生，边缘具细锯齿。穗状花序顶生，花 2 ～ 4 轮，初时每轮 2 朵对生，穗轴伸长后常稍不对称；花被片 4，淡绿色；雌蕊 4 枚，基部合生。果实卵形，果喙向后稍弯曲，背棱约 1/2 以下具齿牙。花果期 4 ～ 7 月。见于白洋淀淀内。生于池塘、水沟或缓流河水中。产于河北石家庄、邢台、北戴河、迁西、丰南、沧州、安平、景县、安新、成安等地。广布全国各地。优良的鱼、鸭、猪饲料及绿肥。

02 马来眼子菜 *Potamogeton malaianus* Miq.

眼子菜属

多年生沉水草本。根茎发达，白色，节处生须根。叶互生，花梗下对生，条状矩圆形或条状披针形；托叶鞘状抱茎。穗状花序顶生，具花多轮；花序梗稍粗于茎；花被片 4，绿色；雌蕊 4 枚，离生。果实倒卵形。花果期 6 ～ 10 月。见于白洋淀淀内。生于静水池沼。产于河北霸州、保定、衡水、邢台、邯郸、安新、峰峰矿区、永年、成安、临漳等地。分布于我国河北、河南、山东、安徽、江苏、浙江、江西、福建、台湾、湖北、湖南、广东、云南、四川、西藏等地。优良鸭饲料。

03 龙须眼子菜 *Potamogeton pectinatus* L.

眼子菜属

多年生沉水草本。根状茎丝状，白色，秋季产生白色卵形块茎。茎细弱，线状，淡黄色，常多次二叉状分枝。叶全沉生于水中，丝状，全缘，顶端急尖；托叶鞘状，基部与叶片结合，抱茎。穗状花序，花序梗与茎等粗；花被片 4，绿色；雄蕊 4，无花丝；心皮 4，无柄。花果期 6～10 月。见于白洋淀沟渠或池塘。生于河沟、水渠、池塘等各类水体。产于河北任丘、北戴河、文安、沧县、肃宁、冀县、曲周、成安、魏县。广布全国各地。全草入药，粗蛋白质含量高，有清热解毒的功效。

六十七、茨藻科 Najadaceae

大茨藻 *Najas marina* L.

茨藻属

一年生沉水草本。植株多汁。叶近对生和 3 叶假轮生，无柄；叶片线状披针形。花黄绿色，单生叶腋；雄花具 1 瓶状佛焰苞，花被片 1，雄蕊 1 枚；雌花无被，裸露，雌蕊 1 枚，椭圆形。瘦果椭圆形或倒卵状椭圆形，黄褐色；种皮质硬，易碎。花果期 9 ～ 11 月。见于白洋淀缓流河水中。生于池塘、湖泊或缓流河水，常群聚成丛。分布于我国辽宁、内蒙古、河北、山西、新疆、江苏、浙江、江西、河南、湖北、湖南、云南等地。全草可作绿肥和饲料。

六十八、水鳖科 Hydrocharitaceae

01 水鳖 *Hydrocharis dubia* (Bl.) Backer

水鳖属

多年生浮水植物。有匍匐茎，具须状根。叶簇生，多漂浮，有时伸出水面；叶片心形或圆形，先端圆，基部心形，全缘，远轴面有蜂窝状贮气组织。花单性，雌雄异株，雄花 2 或 3 朵，聚生于有 2 叶状苞片的花梗上；雌花单生苞片内，白色。果实浆果状，球形至倒卵形；种子多数。花果期 8 ～ 10 月。见于白洋淀淀内。生于静水池沼中。产于河北唐海、安新、临漳。分布于我国福建、浙江、安徽、江苏、山东、河南、湖南、湖北、陕西、四川、云南等地。植株可作鱼类或猪饲料和绿肥。

黑藻 *Hydrilla verticillata* (L. f.) Royle

黑藻属

多年生沉水草本。茎伸长，有分枝，呈圆柱形，表面具纵向细棱纹。叶 4 ～ 8 枚轮生，线形或长条形，常具紫红色或黑色小斑点，先端锐尖，边缘锯齿明显，无柄，具腋生小鳞片。花单性，雌雄异株；雄佛焰苞近球形，雄花单生苞片内，萼片 3，白色，花瓣 3，雄蕊 3；雌佛焰苞管状，苞内雌花 1 朵。果实圆柱形，表面常有 2 ～ 9 个刺状突起；种子茶褐色，两端尖。花果期 5 ～ 10 月。见于白洋淀淀中。生于淡水池塘或沟渠。产于河北安新、曲周、临漳、成安。广布全国各地。适宜浅水绿化、室内水体绿化，作水下植被；可盆栽、缸栽，是装饰水族箱的良好材料；也是良好的沉水观赏植物。

六十九、禾本科 Gramineae

01 看麦娘 *Alopecurus aequalis* Sobol.

看麦娘属

一年生草本。秆少数丛生，细瘦，光滑，节处常膝曲。叶鞘光滑，常短于节间；叶舌膜质；叶片扁平。圆锥花序顶生，紧缩成狭圆柱状；小穗卵状长圆形，两侧压扁，脱节于颖之下；颖和外稃膜质，外稃背下部 1/4 处生 2 ～ 3mm 芒。花果期 6 ～ 8 月。见于白洋淀淀边湿地。喜生于湿生环境。产于河北承德、张家口、邯郸等地。全国各地均有分布。良等饲用禾草；全草可入药。

02 雀麦 *Bromus japonicas* Thunb.

雀麦属

一年生草本。秆直立。叶鞘闭合，被柔毛，叶舌先端近圆形；叶片两面生柔毛。圆锥花序下垂，每节生 1 ～ 4 个小穗；小穗轴短棒状，小穗黄绿色；颖脊粗糙，边缘膜质；外稃草质，边缘膜质，顶端钝三角形，芒自先端下部伸出，成熟后外弯。花果期 5 ～ 7 月。见于白洋淀大张庄村。生于山坡林缘、荒野路旁或河漫滩湿地。产于河北各地。我国北方各地均有分布。中等饲用禾草，适口性好；也是危害我国小麦最为重要的恶性杂草。

虎尾草 *Chloris virgata* Swartz

虎尾草属

一年生草本。秆丛生，基部常膝曲。叶鞘背部具脊，包卷松弛，无毛或具纤毛；叶舌具小纤毛；叶片线形，两面无毛或边缘及上面粗糙。穗状花序 4 ～ 10 个簇生于茎顶，指状排列；小穗排列于穗轴一侧，紧密覆瓦状；颖膜质，芒自外稃顶端下部伸出，脊上具纤毛。颖果纺锤形，淡黄色，光滑无毛而半透明。花果期 6 ～ 10 月。见于白洋淀各村镇。生于路边或荒地。产于河北各地。全国各地均有分布。虎尾草是热带、亚热带地区重要牧草和水土保持植物，有些地区用来建植非常耐低养护及耐旱草坪。全草药用，有祛风除湿、解毒的功效。

狗牙根 *Cynodon dactylon* (L.) Pers.

狗牙根属

多年生草本。具根茎，秆匍匐地面。叶线形，长 1 ～ 6cm，宽 1 ～ 3mm。穗状花序，3 ～ 6 个指状排列簇生茎顶；小穗灰绿色或带紫色；颖具 1 中脉，形成背脊，两侧膜质；外稃草质，具 3 脉；内稃和外稃等长。花果期 5 ～ 8 月。见于白洋淀景区栽培。生于路边或草地。产于河北衡水、北戴河。广布于我国黄河以南各地。根蔓延力强，广铺地面，是优良的固堤保土植物；可作草皮栽培；也是优良饲料。

马唐 *Digitaria sanguinalis* (L.) Scop.

马唐属

一年生草本。秆直立或下部倾斜，膝曲上升，无毛或节生柔毛。叶鞘多短于节间，疏生疣基软毛；叶舌膜质，黄棕色；叶片线状披针形，具柔毛或无毛。总状花序指状排列；小穗孪生；第一颖微小，钝三角形，薄膜质，第二颖长为小穗 1/2 ～ 3/4，边缘具纤毛；第一外稃与小穗等长，具明显的 5 ～ 7 脉。花果期 6 ～ 10 月。见于白洋淀各村镇。生于荒地、路旁或田间。产于河北各地。分布于全国各地。优良饲草；谷粒可制淀粉。

06 双稃草 *Diplachne fusca* (L.)Beauv.

双稃草属

多年生草本。丛生，秆直立或膝曲上升，无毛。叶鞘平滑无色，疏松包住节间，常自基部节处以上与秆分离；叶片常内卷，上面微粗糙，下面较平滑。圆锥花序，小穗灰绿色；颖具 1 脉，膜质；外稃具 3 脉，中脉从齿间延伸成长约 1mm 短芒；花药乳脂色。颖果长约 2mm。花果期 6 ～ 9 月。见于白洋淀端村镇淀边。多生于沟边、河边或湿地。产于河北张家口、北戴河等地。分布于我国福建、台湾、江苏、浙江、安徽、山东等地。可作牛饲料。

长芒稗 *Echinochloa caudata* Roshev.

稗属

一年生草本。秆高 1 ～ 2m。叶鞘无毛或常有疣基毛，或仅有粗糙毛或仅边缘有毛；叶舌缺；叶片线形，两面无毛，边缘增厚而粗糙。圆锥花序，花序轴粗糙，具棱；小穗卵状椭圆形，脉上具硬刺毛；第一外稃草质，顶端具长 1.5 ～ 5cm 芒，第二外稃革质，边缘包同质内稃。花果期 7 ～ 9 月。见于白洋淀淀边湿地。生于田边、路旁或河边湿润处。产于河北保定、邯郸、衡水等地。全国各地广泛分布。食用；饲用；药用；全草作绿肥。

稗 *Echinochloa crusgalli* (L.) Beauv.

稗属

一年生草本。丛生，光滑无毛，基部倾斜或膝曲。叶鞘疏松裹秆，平滑无毛，下部者长于而上部者短于节间；叶舌缺；叶片扁平，线形，无毛，边缘粗糙。圆锥花序疏松，带紫色；轴基部有硬刺疣毛；小穗一面平一面突，密集排列于穗轴一侧；颖具 5 脉；外稃 7 脉，具硬刺疣毛。颖果白色或棕色，坚硬。花期 7 ～ 9 月，果期 8 ～ 10 月。见于白洋淀淀内湿地。生于湿地、水田或旱地。产于河北保定、邯郸、衡水等地。分布遍布全国。水田常见杂草；食用；饲用；药用；全草作绿肥。

西来稗 *Echinochloa crusgalli* (L.) Beauv. var. *zelayensis* (H. B. K) Hitch

稗属

一年生草本。秆高 50 ～ 75cm。叶鞘疏松裹茎；无叶舌；叶片线形，边缘粗糙。圆锥花序紫色，分枝不具小分枝；小穗密集排列于穗轴一侧；颖和第一外稃无疣毛。花果期 7 ～ 10 月。见于白洋淀端村镇、大田庄村。生于田边、路旁或旱地。产于河北保定、邯郸、衡水等地。分布遍布全国。食用；饲用；药用；茎叶纤维可作造纸原料；全草可作绿肥。

牛筋草（蟋蟀草）*Eleusine indica* (L.) Gaertn.

穇属

一年生草本。根系极发达，秆丛生，基部倾斜。叶鞘两侧压扁而具脊，松弛，无毛或疏生疣毛；叶舌长约 1mm；叶片平展，线形，无毛或上面被疣基柔毛。穗状花序 2 ～ 7 个指状着生于秆顶，小穗含 3 ～ 6 小花；颖披针形；外稃膜质，具脊，脊上有狭翼。囊果卵形，具明显波状皱纹。花果期 6 ～ 10 月。白洋淀各地均有分布。生于村边、旷野、田边或路边。遍及全国各地，是棉花、豆类、薯类、蔬菜、果园等地的重要杂草。全株可作饲料；优良保土植物；全草煎水服，可防治乙型脑炎。

11 画眉草 *Eragrostis pilosa* (L.) Beauv.

画眉草属

一年生草本。秆丛生，基部节常膝曲。叶鞘疏松抱茎，鞘口常具长柔毛；叶舌退化为 1 圈纤毛；叶片线形，扁平或内卷，背面光滑，表面粗糙。圆锥花序开展，基部分枝近于轮生；小穗成熟后暗绿色或带紫色，含 3 ～ 14 小花；颖膜质；外稃侧脉不明显，内稃作弓形弯曲。颖果长圆形。花果期 6 ～ 9 月。见于白洋淀端村镇、大王村、留通村。生于田间、田埂、路旁或荒地。产于河北蔚县小五台山、兴隆雾灵山。分布于全国各地。优良饲料；也可药用，有利尿通淋、清热活血的功效。

牛鞭草 *Hemarthria altissima* (Poir.) Stapf et C. E. Hubb.

牛鞭草属

多年生草本。具长而横走的根状茎，秆直立，一侧有槽。叶鞘边缘膜质，鞘口具纤毛；叶舌膜质，白色，上缘撕裂状；叶片线形，两面无毛。总状花序单生或簇生；小穗成对，一无柄，一有柄；小穗轴节间和小穗轴愈合而成凹穴；外稃透明膜质，无芒。花期 6 ～ 7 月，果期 8 ～ 9 月。见于白洋淀端村镇。生于路旁或水边湿地。产于河北承德、北戴河，至河北南部，各地常见。分布于我国东北、华北、华东等地。牛、羊、兔的优质饲料。

13 白茅 *Imperata cylindrica* (L.) Beauv.

白茅属

多年生草本。根状茎细长横生，密被鳞片。秆直立，节无毛。叶多集中于基部；叶舌干膜质；主脉明显，向背部突出，顶生叶片短小。圆锥花序分枝短缩密集；小穗成对生，基部围以细长丝状柔毛；花药黄色，柱头深紫色。花期 5 ～ 7 月，果期 8 ～ 9 月。见于白洋淀小王村。生于田野、田埂、路边或草地。河北各地广布。分布几遍全国。常见农田杂草；根状茎可食；根供药用；茎叶可作饲料及造纸原料。

14 羊草 *Leymus chinensis* (Trinex Bge.) Tzvelev

赖草属

多年生草本。须根具沙套。秆散生，基部残留叶鞘呈纤维状。叶片扁平或内卷，上面及边缘粗糙，下面较平滑。穗状花序，小穗常 2 枚生于 1 节；颖锥状，质地较硬；外稃披针形，具狭窄膜质边缘。花果期 6 ～ 8 月。见于白洋淀大王村。生于开阔平原、低山丘陵、河滩或盐渍低地。产于河北北戴河、蔚县小五台山。分布于我国河北、山西、陕西、四川、青海、甘肃、内蒙古等地。羊草是欧亚大陆草原区东部草甸草原及干旱草原的重要建群种之一；优良饲用植物。

15 臭草 *Melica scabrosa* Trin.

臭草属

多年生草本。秆丛生，基部膝曲，密生分蘖。叶鞘闭合；叶舌膜质透明，顶端撕裂而两侧下延。圆锥花序；小穗柄弯曲；小穗含 2 ～ 4 个能育小花，顶部几个不育外稃集成小球形；颖膜质，具 3 ～ 5 脉；外稃具 7 脉，背部颗粒状粗糙。颖果褐色，纺锤形。花果期 5 ～ 8 月。见于白洋淀马村。生于山坡、荒地或路旁。产于河北蔚县小五台山等地。我国西北、华北、东北地区有分布。全草药用，有利水通淋、清热的功效。

16 芦苇 *Phragmites australis* (Cav.) Trin.ex Steud.

芦苇属

多年生水生或湿生草本。根状茎十分发达。叶披针状线形，无毛，顶端长渐尖成丝形。圆锥花序大型，着生稠密下垂小穗；小穗含 4 花，颖具 3 脉，基盘两侧密生等长于外稃的丝状柔毛。颖果。花果期 7 ～ 11 月。见于白洋淀各村镇，常形成连片的芦苇群落。生于池塘沟渠沿岸或低湿地。产于河北各地。广布我国温带地区。茎秆为重要造纸原料；根状茎入药；嫩叶牲畜喜食；由于芦苇的叶、叶鞘、茎、根状茎和不定根都有通气组织，因此它在净化污水方面有重要作用。

17 草地早熟禾 *Poa pratensis* L.

早熟禾属

多年生草本。具长而明显的匍匐根状茎。秆疏丛生，直立，具 2 ～ 4 节。叶片线状披针形，扁平或内卷，顶端渐尖，平滑或边缘与上面微粗糙；叶鞘具纵条纹，叶舌先端截平。圆锥花序每节有分枝 3 ～ 5 个；小穗卵圆形，含 2 ～ 4 小花；外稃纸质，基盘具稠密而长的白绵毛。颖果纺锤形。花期 5 ～ 6 月，果期 7 ～ 9 月。见于白洋淀端村镇、赵北口镇、圈头乡等地。生于山坡草地、林缘或林下。产于河北兴隆雾灵山、蔚县小五台山。分布于我国东北、华北等地。营养价值高，是优良牧草和饲料；可作飞机场、运动场和公园的草皮植物。

18 纤毛鹅观草 *Roegneria ciliaris* (Trin.) Nevski

鹅观草属

多年生丛生草本。秆直立，基部节常膝曲，常被白粉。叶鞘无毛；叶片扁平，两面均无毛，边缘粗糙。穗状花序直立或稍下垂，小穗绿色；颖先端常具短尖头；外稃边缘具长而硬的纤毛，第一外稃顶端延伸成粗糙反曲的芒。花果期 4 ～ 7 月。见于白洋淀端村镇。生于路旁、潮湿草地或山坡。产于河北张家口、北戴河、武安、涉县等地。我国东北、华北、西北各地广泛分布。秆叶柔嫩，幼时家畜喜吃。

虉草 *Phalaris arundinacea* L.

虉草属

多年生草本。具根茎。叶片长 10 ～ 30cm，宽 5 ～ 15mm；叶鞘无毛，下部叶鞘长于节间；叶舌薄膜质。圆锥花序紧密窄狭，密生小穗；小穗长 4 ～ 5mm；颖具脊，脊粗糙，上部具窄翅；能育花外稃软骨质，具 5 脉；内稃披针形；不育外稃 2，退化成线形。花果期 6 ～ 8 月。见于白洋淀端村镇附近芦苇地。生水沟或湿地。产河北井陉、涿鹿杨家坪、兴隆雾灵山。分布于我国东北、华北等地。早春幼嫩时为优良饲草。

20 狗尾草 *Setaria viridis* (L.) Beauv.

狗尾草属

一年生草本。根为须状，高大植株具支持根。秆直立或基部膝曲。叶鞘松弛，无毛或疏具柔毛或疣毛；叶舌极短；叶片扁平，长三角状狭披针形或线状披针形。圆锥花序紧密呈圆柱状，刚毛长 4 ～ 12mm，小穗 2 ～ 5 个簇生于主轴上；鳞被楔形，顶端微凹。颖果灰白色。花果期 5 ～ 10 月。见于白洋淀各村镇。生于荒野、道旁或田间。产于河北各地。分布于全国各地。旱地作物常见杂草。秆、叶可作饲料；也可入药。

21 狼尾草 *Pennisetum alopecuroides* (L.) Spreng.

狼尾草属

多年生草本。秆丛生，直立，花序以下常密生柔毛。叶鞘光滑，压扁具脊；叶长于节间；叶片长 15 ～ 50cm，宽 2 ～ 6mm，常内卷。圆锥花序穗状，小穗下围有刚毛，长 1 ～ 2.5cm，成熟时常变黑紫色，与小穗一同脱落；小穗常单生，第一外稃革质，具 7 ～ 11 脉，与小穗等长。颖果扁平，长圆形。花果期 7 ～ 10 月。见于白洋淀景区栽培。生沟边、田岸及山坡。产于河北北戴河、东陵满族自治乡。广布于我国南北各地。茎叶为造纸原料；嫩时植株可作牧草；根系发达，可作固堤防沙植物。

22 菰（茭白）*Zizania latifolia* (Griseb.) Stapf.

菰属

多年生沼泽禾草。根状茎细长，基部节上具不定根。叶鞘肥厚，长于节间；叶舌膜质，略呈三角形；叶片长30～100cm，宽10～25mm。雌雄同株，圆锥花序；雄小穗生花序下部，具短柄，常紫色；雌小穗多位于花序上部；外稃5脉，具芒，内稃具3脉。颖果圆柱形。花果期7～9月。见于白洋淀端村镇附近芦苇地。生浅水池塘。我国南北各地分布。嫩茎即茭儿菜，秆被黑粉菌寄生后变肥大，即为茭笋，作蔬菜炒食；秆叶是家畜及鱼的良好饲料；果实可食；根状茎、肥嫩茎可入药，为利尿剂；茭笋内成熟的孢子可作黑色化妆品原料。

荻 *Triarrhena sacchariflora* (Maxim.) Nakai

荻属

多年生草本。根状茎被鳞片。秆具多节，节具长须毛。叶鞘无毛，叶舌短，具纤毛；叶片扁平，宽线形，边缘锯齿状粗糙，基部常收缩成柄，粗壮。圆锥花序疏展成伞房状，小穗线状披针形，基盘具白色丝状长柔毛，长为小穗的 2 倍；第一颖具 2 脊，第二颖船形；雄蕊 3。颖果长圆形。花果期 8 ～ 10 月。见于白洋淀圈头乡。生于山坡草地、河岸湿地或沟边。产于河北北戴河。我国东北、华北、西北、华东地区均有分布。优良防沙护坡植物；可用于环境保护、景观营造、生物质能源、制浆造纸、代替木材和塑料制品、纺织，也可药用。

黍稷（糜子）*Panicum miliaceum* L.

黍属

一年生栽培谷类。节密生髭毛，节下有疣毛。叶片长 10 ～ 30cm，宽 1.5cm；叶鞘稍松弛，生有疣毛；叶舌具长纤毛。圆锥花序开展，成熟后下垂，上部密生小枝和小穗；小穗长 4 ～ 5mm；颖纸质，第一颖长为小穗的 1/3 ～ 1/2，具 5 ～ 7 脉；第二颖与小穗等长，常具 11 脉；第一外稃具 13 脉；内稃薄膜质，先端微凹。颖果乳白色或褐色。花果期 7 ～ 9 月。见于白洋淀安州镇烧盆庄村。河北各地栽培。主要分布于我国西北、华北、东北地区，南方只有零星种植。谷粒磨成面粉，用以蒸糕；秆叶可作饲料；果、茎、叶可入药。

25 小麦 *Triticum aestivum* L.

小麦属

一年生或越年生栽培草本。分蘖形成疏丛，秆直立，丛生。叶鞘松弛包茎，叶舌膜质；叶片线状披针形。复穗状花序，每节着生 1 个小穗，含 3 ～ 9 小花；颖革质，具 5 ～ 9 脉，中部隆起成锐利的脊；外稃顶端有芒，芒上密生斜向上的细短刺。颖果长圆形。花期 5 月，果期 6 月。白洋淀沿岸各地均有栽培。我国北方重要粮食作物，河北各地栽培。广泛栽植于我国北方地区。谷粒食用，麦麸可作饲料；秆、叶可作饲草或造纸用；颖果可入药。

26 高粱 *Sorghum bicolor* (L.) Moench

高粱属

一年生草本。秆粗壮，基部节上具支柱根。叶鞘无毛或稍有白粉；叶舌硬膜质，先端圆，边缘有纤毛；叶片线状披针形，基部圆或微呈耳形。圆锥花序疏松，主轴具纵棱，多分枝；小穗倒卵形，基盘有髯毛；颖革质，外稃透明膜质。颖果淡红色至红棕色。花果期6～9月。白洋淀圈头乡偶见栽培。河北各地广为栽培。栽培作物；可供食用、酿酒；颖果入药；茎叶为牲畜饲料。

27 玉蜀黍（玉米）*Zea mays* L.

玉蜀黍属

一年生高大栽培作物。秆实心，具气生支柱根。叶带状披针形，中脉粗壮，叶鞘具横脉。雌雄同株；雄性圆锥花序顶生；雌花序腋生，肉穗状。颖果扁球形，黄色，成熟后露出颖片和稃片之外。花果期 7 ～ 9 月。白洋淀各村镇均有栽培。原产于拉丁美洲，广泛栽培于我国南北各地，为主要谷物之一。果实除食用外，可加工成面粉、葡萄糖或酿酒；胚可榨油；秆、叶可作青饲料；花柱及柱头入药，有利尿、通淋、清湿热的功效。

七十、莎草科 Cyperaceae

01 白颖苔草 *Carex duriuscula* C. A. Mey. subsp. *rigescens* (Franch.) S. Y. Liang et Y. C. Tang

苔草属

多年生草本。根状茎细长、匍匐。秆纤细，基部叶鞘灰褐色，细裂成纤维状。叶短于秆，宽 1 ～ 1.5mm。苞片鳞片状。穗状花序卵形或球形；小穗 3 ～ 6 个，卵形，密生，雄雌顺序，具少数花。雌花鳞片宽卵形或椭圆形，锈褐色，边缘及顶端具宽白色膜质，顶端具短尖，柱头 2 个。果囊平突状，革质，锈色或黄褐色。小坚果包于果囊中，近圆形或宽椭圆形。花果期 4 ～ 6 月。见于白洋淀下张庄村荒地。生于山坡、半干旱地区或草原。产于河北各地；分布于我国辽宁、吉林、内蒙古、山西、河南、山东、陕西、甘肃、宁夏、青海等地。

日本苔草 *Carex japonica* Thunb.

苔草属

多年生草本。根状茎有长匍匐枝。秆扁三棱形，上部有叶。基部叶鞘淡褐色，边缘细裂成网状；叶片扁平。苞片叶状，长于花序；小穗 3 ~ 4，离生或上部聚生，顶生者为雄小穗，锈色，有长柄，线形；其余为雌小穗，淡绿色，长圆状卵形或圆柱形，花密生，上部者无柄或有极短柄，下部者有柄。果囊斜开展，顶端渐狭成长喙，喙口有 2 齿。小坚果倒卵状椭圆形或三棱形；柱头 3，宿存。花果期 5 ~ 8 月。见于大张庄村淀边。生于林下或潮湿地。产于北京地区。分布于我国东北、华北、华东地区。

03 异型莎草 *Cyperus difformis* L.

莎草属

一年生草本。具须根。秆丛生，扁三棱形。叶短于秆；叶鞘褐色。长侧枝聚伞花序简单，少数为复出，具 3～9 个辐射枝；头状花序球形，具极多数小穗；小穗密聚，具 8～28 朵花。小坚果倒卵状椭圆形或三棱形，淡黄色。花果期 7～10 月。见于郭里口村淀边湿地。生于稻田或水边湿地。产于河北秦皇岛、乐亭、盐山、武强、大名、永年、成安、临安；北京近郊；天津近郊、蓟县、宝坻、宁河。分布于我国山西、陕西、甘肃、四川、云南、湖北、安徽、江苏、浙江等地。

04 褐穗莎草 *Cyperus fuscus* L.

莎草属

一年生草本。具须根。秆直立，丛生，三棱形。叶基生；叶鞘紫红色。苞片 2 或 3，叶状，长于花序。长侧枝聚伞花序有 3～5 长短不等的第一次辐射枝；小穗 5～10，数个密集成头状、线状披针形或线形；小穗轴有棱；鳞片覆瓦状排列于小穗轴两侧，膜质，中间黄绿色，两侧深紫褐色或褐色，背面有 3 条不明显脉；雄蕊 2；柱头 3。小坚果椭圆形，有三棱，淡黄色。花果期 7～10 月。见于白洋淀景区。生于湿地、沼泽或浅水沟。产于河北衡水、武强、景县、枣强等地。分布于我国黑龙江、吉林、辽宁、山西、内蒙古、陕西、新疆等地。

05 头状穗莎草 *Cyperus glomeratus* L.

莎草属

一年生草本。具须根。秆散生，钝三棱形，基部稍膨大，具少数叶。叶短于秆，叶鞘长，红棕色。复出长侧枝聚伞花序具 3 ～ 8 个辐射枝；穗状花序无总花梗，具极多数小穗；小穗多列，排列极密，具 8 ～ 16 朵花。小坚果长圆形或三棱形，灰色，具明显网纹。花果期 6 ～ 10 月。见于白洋淀大张庄村淀边。生于水边沙地、潮湿草丛、浅水沟塘或沼泽地。产于河北承德、青龙满族自治县、隆化、藁城、成安等地。分布于我国河南、山西、陕西、甘肃等地。

06 旋鳞莎草 *Cyperus michelianus* (L.) Link

莎草属

一年生草本。具许多须根。秆密丛生，扁三棱形。叶长于或短于秆；基部叶鞘紫红色。长侧枝聚伞花序头状、卵形或球形，小穗多数密集；小穗卵形或披针形，具 10 ～ 20 朵花。小坚果狭长圆形或三棱形，表面包有一层白色透明疏松细胞。花果期 6 ～ 9 月。见于郭里口村淀边。生于水边湿地。产于河北任丘、阳原、沧县、盐山、武强、景县等地。分布于我国黑龙江、吉林、辽宁、河北、山东、河南、新疆、安徽、江苏、浙江、广东、广西、云南及西藏。

07 香附子 *Cyperus rotundus* L.

莎草属

多年生草本。匍匐根状茎长，具椭圆形块茎。秆锐三棱形，基部块茎状。叶较多，短于秆；鞘棕色，常裂成纤维状。叶状苞片 2 ～ 3(5) 枚；穗状花序轮廓为陀螺形，具 3 ～ 10 个小穗。小坚果长圆状倒卵形或三棱形，具细点。花果期 5 ～ 11 月。见于白洋淀东淀头村。生于山坡草丛或水边湿地。产于河北各地。分布于我国陕西、甘肃、山西、河南等地。块茎药用。

中间型荸荠 *Eleocharis intersita* Zinserl.

荸荠属

多年生草本。具匍匐根状茎。秆丛生，直立，圆柱状，干后略扁，有钝肋条和纵槽。只在秆基部有1或2个叶鞘，鞘基部带红色，鞘口截形。小穗长圆状卵形，有多数密生两性花；鳞片顶端急尖，黑褐色，背部有一条脉，边缘白色宽膜质；下位刚毛4条，稍长于小坚果，有倒刺；柱头2。小坚果倒卵形或宽倒卵形。花果期6～7月。见于白洋淀大张庄村淀边。生于水边湿地或沼泽地。产于河北三河、任丘、安新；北京昌平；天津宝坻、宁河等地。分布于我国河北、河南、内蒙古等地。球茎可作蔬菜食用。

09 密穗砖子苗 *Mariscus compactus* (Retz.) Druce

砖子苗属

多年生挺水草本。根状茎短，秆疏丛生，圆柱状，基部稍膨大。叶边缘和背面中肋粗糙；叶鞘长，紫红色。苞片 3 ～ 5 枚，叶状，较花序长很多；长侧枝聚伞花序复出，疏松或稍密，具 7 ～ 9 个第一次辐射枝；辐射枝坚挺，近于直立，每个辐射枝上具 5 ～ 10 个第二次辐射枝；穗状花序近于球形，具多数小穗；小穗排列紧密，具 3 ～ 7 朵花；小穗轴具白色透明的翅；鳞片互生，血红色或红棕色。小坚果线状长圆形或三棱形。花果期 6 ～ 12 月。见于大张庄村淀边。生于水田或沼泽地。分布于我国台湾、广东、广西、海南、云南等地。全草入药，有止咳化痰，宣肺解表功效。

10 藨草 *Scirpus triqueter* L.

藨草属

多年生草本。有细长匍匐根状茎。秆散生，三棱形，基部有2或3个叶鞘，鞘膜质，横脉明显隆起，最上面1个叶鞘顶端有叶片；叶片扁平。苞片1枚，三棱形。简单长侧枝聚伞花序假侧生，有1～8个辐射枝；辐射枝三棱形，每辐射枝顶端有1～8个簇生小穗；小穗卵形或长圆形，密生多花；鳞片背面有1条中肋，边缘疏生缘毛；下位刚毛3～5，有倒刺，雄蕊3；柱头2。小坚果倒卵形，平突状，褐色。花果期6～9月。见于白洋淀宋庄村淀边。生于池塘、沟渠或沼泽地。产于河北抚宁、东光、安新、景县、曲周等地。我国除广东、海南外各地均有发布。秆细长，可作绳索。

11 水葱 *Scirpus validus* Vahl

藨草属

多年生草本。匍匐根状茎粗壮，须根多。秆高大，圆柱状，基部具3或4个叶鞘，最上面一个叶鞘具叶片；叶片线形。苞片1枚，为秆的延长；长侧枝聚伞花序假侧生，具4～13或更多辐射枝；辐射枝，一面凸，一面凹，边缘有锯齿；小穗卵形或长圆形，具多数花；鳞片顶端稍凹，具短尖，膜质，背面有铁锈色突起小点，脉1条，边缘具缘毛；下位刚毛6条，红棕色，有倒刺；雄蕊3；柱头2。小坚果倒卵形或椭圆形，双凸状。花果期6～9月。见于白洋淀宋庄村淀边。生于湖边或浅水塘。产于河北赤城，北京近郊。分布于我国东北、华北、西南等地。秆可编席。

荆三棱 *Scirpus yagara* Ohwi

藨草属

多年生草本。匍匐根状茎长而粗壮，顶生球状块茎。秆高大粗壮，锐三棱形。叶扁平，线形，叶鞘很长。叶状苞片 3 或 4，比花序长；长侧枝聚伞花序简单，有 3 ～ 8 个辐射枝；每辐射枝有 1 ～ 3 个小穗；小穗卵形或长圆形，锈褐色，有多数花；鳞片背面有 1 条中肋，顶端有芒；下位刚毛 6，有倒刺。小坚果倒卵形，有三棱，黄白色。花果期 5 ～ 7 月。见于白洋淀大张庄村淀边。生于湖、河或沟渠浅水中。产于河北文安，天津静海团白洼、贾口洼。分布于我国河北、江苏、浙江、贵州、台湾等地。球状块茎供食用和药用，俗称地梨；茎秆可作饲料。

七十一、天南星科 Araceae

菖蒲 *Acorus calamus* L.

菖蒲属

多年生芳香常绿草本。有香气，具粗壮横走根状茎。叶基生成丛，长线形，中脉明显突出，基部叶鞘套折，有膜质边缘。肉穗花序圆柱状，腋生，花序梗具 3 棱，佛焰苞绿色叶状，窄线形，与叶近等长；花黄绿色，花被片倒披针形。浆果长圆状，红色。花期 5 ～ 8 月，果期 7 ～ 9 月。见于白洋淀淀边。生于水边、沼泽湿地或湖泊浮岛，常有栽培。产于河北各地。分布于全国各地。菖蒲是园林绿化中常用水生植物；也可提取芳香油，有香气，可防疫驱邪，端午节有把菖蒲叶和艾捆一起插于檐下的习俗；根茎可制香味料。

七十二、浮萍科 Lemnaceae

浮萍 *Lemna minor* L.

浮萍属

浮水小草本。叶状体倒卵形、椭圆形或近圆形，长 2～5mm，宽 2～3mm，两面平滑，绿色，具不明显 3 脉。果实近陀螺状，有突起胚乳和不规则突脉；种子 1。花期 7～8 月，一般不常开花，以芽进行繁殖。生于水田、池沼或其他静水水域。广布全国各地。良好的猪饲料、鸭饲料及草鱼饵料，也可作稻田绿肥；以带根全草入药，具发汗透疹、清热利水的功效。

02 紫萍 *Spirodela polyrhiza* (L.) Schleid.

紫萍属

浮水小植物。叶状体扁平，长 4 ～ 11mm，单生或 2 ～ 5 个簇生，上面绿色，下面紫色，有 5 ～ 11 条掌状脉。根 5 ～ 11 条，聚生于叶状体下面中央，在根着生处一侧产生新芽。花期 6 ～ 7 月。常见于白洋淀池塘、沟渠。产于河北各地。全国各地均有分布。全草药用；也作饲料和稻田绿肥。

七十三、鸭跖草科 Commelinaceae

鸭跖草 *Commelina communis* L.

鸭跖草属

一年生披散草本。茎匍匐生根，多分枝。叶披针形至卵状披针形，白色，有绿脉。总苞片佛焰苞状，宽心形，与叶对生，花序略伸出佛焰苞，萼片膜质，内面 2 枚常靠近或合生；聚伞花序；花瓣深蓝色，有长爪，2 侧花瓣大，近圆形；3 枚能育雄蕊长，3 枚退化雄蕊顶端呈蝴蝶状。蒴果椭圆形，2 室，2 瓣裂；有种子 4 粒，棕黄色。花果期 6 ～ 9 月。见于白洋淀各地。生于路旁、田边、河岸、宅旁、山坡或林缘阴湿处。产于河北大部分地区。分布于我国云南、四川、甘肃等地。全草入药，有清热、凉血、解毒的功效。

七十四、雨久花科 Pontederiaceae

01 雨久花 *Monochoria korsakowii* Regel et Maack

雨久花属

直立水生草本。全株光滑无毛。基生叶卵形至卵状心形，顶端急尖或渐尖，基部心形，全缘，具弧状脉；叶柄有时膨胀成囊状；茎生叶基部抱茎成宽鞘。总状花序顶生，有时再聚成圆锥花序，花 10 余朵；花被片椭圆形，顶端圆钝，蓝色；雄蕊 6 枚，其中 1 枚较大，花瓣长圆形，浅蓝色，其余各枚较小。蒴果长卵圆形；种子长圆形，有纵棱。花期 7 ～ 8 月，果期 9 ～ 10 月。见于白洋淀淀内。生于池塘、湖边或稻田。分布于我国河北、山西、陕西、河南、山东、安徽、江苏等地。全草可作饲料；药用，有清热解毒、定喘、消肿的功效。

梭鱼草 *Pontederia cordata* L.

梭鱼草属

多年生挺水或湿生草本。地下茎粗壮，黄褐色，有芽眼，地茎叶丛生。圆筒形叶柄呈绿色；叶片较大，表面光滑，深绿色，叶形多变，大多为倒卵状披针形。花葶直立，常高出叶面；穗状花序顶生，小花蓝紫色，上方两花瓣各有两个黄绿色斑点，质地半透明；花被裂片 6 枚，近圆形，裂片基部连接为筒状。果实初期绿色，成熟后褐色；果皮坚硬，种子椭圆形。花果期 5 ～ 10 月。白洋淀庭院有种植。生于静水或缓流水域。我国华北等地引种栽培。梭鱼草可作盆栽观赏，也可广泛用于园林美化。

七十五、竹芋科 Marantaceae

水竹芋 *Thalia dealbata* Fraser

水竹芋属

多年生挺水草本植物。叶 4 ～ 6 片，基生；叶柄下部鞘状；叶片卵状披针形，硬纸质，全缘。复穗状花序生于由叶鞘内抽出的总花梗顶端；小花紫红色，2 或 3 朵，由小苞片包被；花冠筒淡紫色，唇瓣兜形。蒴果顶裂；种子具假种皮。花期 4 ～ 7 月，果期 8 ～ 10 月。见于白洋淀景区。该种原产于美国南部和墨西哥的热带地区，是我国引入的一种观赏价值极高的挺水花卉。株形美观洒脱，是水景绿化中的上品花卉，具有净化水质的作用；常成片种植于水池或湿地供观赏。

七十六、灯心草科 Juncaceae

灯心草 *Juncus effusus* L.

灯心草属

多年生湿生草本。根茎横走，密生须根。茎丛生直立，圆筒形，实心，茎基部具棕色，退化呈鳞片状鞘叶。叶片退化呈刺芒状。穗状花序顶生，在茎上呈假侧生状，基部苞片延伸呈茎状；花下具 2 枚小苞片；花被裂片 6 枚；雄蕊 3 枚；雌蕊柱头 3 分歧。蒴果卵形或椭圆形，褐黄色；种子黄色，倒卵形。花果期 7 ～ 9 月。见于白洋淀湿地。生于沼泽、沟渠旁或低洼荒地。产于河北宽城、赤城、青龙满族自治县；天津蓟县。分布全国各地。灯心草茎髓或全草入药，有清热、利水渗湿的功效；茎皮纤维可作编织和造纸原料。

七十七、百合科 Liliaceae

葱 *Allium fistulosum* L.

葱属

多年生草本植物。鳞茎单生，圆柱状，稀为基部膨大的卵状圆柱形；鳞茎外皮白色，稀淡红褐色，膜质至薄革质，不破裂。叶圆筒状，中空；花葶圆柱状，中空，中部以下膨大，向顶端渐狭；总苞膜质，伞形花序球状，多花，较疏散；花被片近卵形；花丝为花被片长度的 1.5 ～ 2 倍，锥形；子房倒卵状，腹缝线基部具不明显的蜜穴；花柱细长，伸出花被外。蒴果。花果期 4 ～ 7 月。见于白洋淀田埂、路旁。原产我国，全国各地广泛栽培。作蔬菜食用；鳞茎和种子可入药。

蒜 *Allium sativum* L.

葱属

多年生草本。鳞茎大型，外包灰白色或淡紫色膜质鳞被。叶基生，实心，扁平，线状披针形，基部呈鞘状。花茎直立；伞形花序，小而稠密，具苞片1～3枚，浅绿色；花被6，粉红色，椭圆状披针形；雄蕊6，白色；雌蕊1，花柱突出，白色。蒴果；种子黑色。花期夏季。见于白洋淀田埂、路旁。原产于亚洲西部高原，全国各地均有栽培。其鳞茎味道辣，有刺激性气味，称为蒜头，可作调味料，也可入药；蒜叶称为青蒜或蒜苗，花薹称为蒜薹，均可作蔬菜食用。

韭 *Allium tuberosum* Rottler. ex Spreng.

葱属

多年生草本。具横生根状茎。鳞茎簇生，近圆柱状；鳞茎外皮暗黄色至黄褐色，破裂成纤维状，呈网状或近网状。叶条形，扁平，实心，比花葶短，边缘平滑。花葶圆柱状，常具2纵棱；总苞单侧开裂或2～3裂，宿存；伞形花序半球状或近球状；花白色；花被片常具绿色或黄绿色中脉；花丝等长。花果期7～9月。见于白洋淀田埂、路旁。全国广泛栽培，也有野生植株。原产于亚洲东南部。叶、花葶和花均作蔬菜食用；种子可入药。

萱草 ***Hemerocallis fulva* (L.) L.**

萱草属

多年生草本。根近肉质，中下部有纺锤状膨大。叶基生成丛，条状披针形，背面被白粉。夏季开橘黄色大花，花葶长于叶。圆锥花序顶生；花早上开晚上凋谢，无香味，橘红色至橘黄色；花被片 6 枚；雄蕊 6，子房上位。花果期 5 ～ 7 月。见于白洋淀景区及村镇绿化带。原产于我国秦岭以南各地，全国各地常见栽培。供观赏。花可作蔬菜用；根可药用，为利尿强壮剂。

金娃娃萱草 *Hemerocallis fulva* cv.'Golden Doll'

萱草属

多年生草本，是萱草人工栽培的园艺品种。地下具根状茎和肉质肥大的纺锤状块根。叶基生，条状披针形，排成两列。花葶粗壮；螺旋状聚伞花序，花 2 ～ 6 朵；花冠漏斗形，金黄色。蒴果。花果期 5 ～ 7 月。见于白洋淀景区。河北各地均有栽培。原产于北美洲。我国华北、华东、东北等地园林绿地广泛种植。叶色鲜绿，花色金黄，花期长，群体观赏效果佳，主要用作地被植物，也可布置花坛和花境。

七十八、鸢尾科 Iridaceae

01 马蔺 *Iris lactea* Pall. var. *chinensis* (Fisch.) Koidz.

鸢尾属

多年生密丛草本。根状茎短而粗壮。植株基部具稠密红褐色纤维状宿存叶鞘。基生叶多数，宽线形。花葶多数丛生，花蓝紫色或淡蓝色，花被上有较深条纹。蒴果长椭圆形至圆柱形，先端具尖喙；种子近球形，棕褐色。花期5～6月，果期6～9月。见于白洋淀村庄绿化带。生于向阳草地、河滩、盐碱滩地、路旁或干燥沙质地。产于河北各地。分布于全国各地。马蔺可用于水土保持和改良盐碱土；叶可代麻及造纸用；根、花和种子入药，根能清热解毒，花能清热凉血、利尿消肿，种子能凉血止血、清热利湿，又可榨油，供制肥皂用。

02 黄菖蒲 *Iris pseudacorus* L.

鸢尾属

多年生湿生或挺水宿根草本植物。植株高大，根状茎粗壮，节明显，黄褐色；须根黄白色。基生叶灰绿色，宽剑形，顶端渐尖，基部鞘状。花茎粗壮，茎生叶比基生叶短而窄；苞片3或4枚，膜质，绿色，披针形；花黄色，外花被裂片卵圆形或倒卵形，内花被裂片倒披针形；雄蕊花丝黄白色，花药黑紫色；花柱分枝淡黄色，子房绿色，三棱状柱形。花期5月，果期6～8月。白洋淀淀边种植。喜生于河湖沿岸湿地或沼泽地。原产于欧洲，全国各地均有栽培。黄菖蒲是水生花卉中的骄子，花色黄艳，花姿秀美，观赏价值高。

鸢尾 *Iris tectorum* Maxim.

鸢尾属

多年生草本。根状茎浅黄色。叶质薄，浅绿色，剑形。花葶与叶几等长，单一或2分枝，每枝具1～3花；苞片革质；花蓝紫色；花被管纤细，外轮花被片具深色网纹，中部有1行鸡冠状突起及白色须毛；花柱分枝3，花瓣状，蓝色，顶端2裂。蒴果具6棱，表面有网纹；种子深棕褐色，具假种皮。花期4～6月，果期6～8月。见于白洋淀景区。河北各地均有栽培。原产于我国中部及日本，主要分布于我国湖北、湖南等地。花卉植物；根茎可药用，有活血祛瘀、祛风利湿、消积通便之功效。

德国鸢尾 *Iris germanica* L.

鸢尾属

根状茎粗壮，带肉质。叶剑形，长30～50cm，宽2～4cm。花葶2～3分枝，每分枝顶端具1～2花；苞片卵形至长圆状披针形，干膜质，上半部常皱缩并带紫红色；花紫色或浅紫色，花被管柱状，绿色；外花被片反折，中部密生黄色棍棒状多细胞须毛，有斑纹，内花被片拱形直立。蒴果3棱。花期5～6月，果期6～8月。见于白洋淀景区栽培。原产于欧洲。我国各地庭院栽培。花卉植物，也是提炼芳香油的原料。

七十九、美人蕉科 Cannaceae

美人蕉 *Canna indica* L.

美人蕉属

多年生草本植物。全株绿色无毛，被蜡质白粉。具块状根茎。地上枝丛生。单叶互生；具鞘状叶柄；叶片卵状长圆形。总状花序，花单生或对生；萼片 3，绿白色，先端带红色；花冠大多红色，外轮退化雄蕊 2 或 3 枚，鲜红色；唇瓣披针形，弯曲。蒴果，长卵形，绿色，花果期 3～12 月。见于白洋淀景区栽培。美人蕉原产于美洲、马来半岛、印度等热带地区。全国各地均可栽培。观赏花卉。根茎有清热利湿，舒筋活络的功效；茎叶纤维可制人造棉、织麻袋、搓绳，叶提取芳香油后的残渣还可作造纸原料。

参考文献

陈耀东 . 1987. 白洋淀水生植物区系初步分析 . 中国科学院大学学报，25（2）:106-113.

贺士元 . 1986. 河北植物志（第一卷）. 石家庄 : 河北科学技术出版社 .

贺士元 . 1989. 河北植物志（第二卷）. 石家庄 : 河北科学技术出版社 .

贺士元 . 1991. 河北植物志（第三卷）. 石家庄 : 河北科学技术出版社 .

贺学礼 . 2010. 植物学 . 2 版 . 北京 : 高等教育出版社 .

贺学礼 . 2016. 植物学 . 2 版 . 北京 : 科学出版社 .

李峰，谢永宏，杨刚，等 .2008. 白洋淀水生植被初步调查 . 应用生态学报，19（7）: 1597-1603.

刘淑芳，李文彦，文丽青 . 1995. 白洋淀浮游植物调查及营养现状评价 . 环境科学，16（s1）: 11-13.

唐宏亮，赵金莉，张凤娟 . 2017. 小五台山植物学野外实习指导 . 北京 : 电子工业出版社 .

田玉梅，张义科，张雪松 . 1995. 白洋淀水生植被 . 河北大学学报（自然科学版），15（4）: 59-66.

张义科 . 1994. 白洋淀的水生维管束植物 . 河北大学学报（自然科学版），14（4）: 42-46.

张义科，田玉梅，张雪松 . 1995. 白洋淀浮游植物现状 . 水生生物学报，19（4）: 317-326.

中国植物志编辑委员会 . 1959-2003. 中国植物志（共 80 卷）. 北京 : 科学出版社 .

Flora of China 编委会 .1989-2013. Flora of China. 北京 : 科学出版社 ; Saint Louis : 密苏里植物园出版社 .

A

B

C

D

E

N

O

P

Q

R

S

T

W

X

拉丁名索引

D

E

F

G

H

I

J

K

L

T

U

V

W

X

Z